Pharmakokinetik und
Arzneistoffmetabolismus

Helmut Pelzer

Pharmakokinetik und Arzneistoffmetabolismus

Mit 38 Abbildungen und 3 Tabellen

Dr. Dietrich Steinkopff Verlag · Darmstadt

Dr. rer. nat. *Helmut Pelzer,* geboren 1927, studierte 1947–1953 Chemie an der Universität Mainz, Promotion in Biochemie und Pharmakologie bei *Fritz Turba* und *Gustav Kuschinsky.* 1954–1958 am Physiologisch-chemischen Institut in Düsseldorf bei *Karl Hinsberg,* 1958–1963 am Max-Planck-Institut für Biologie Tübingen bei *Wolfhard Weidel,* seit 1963 Forschungstätigkeit in der pharmazeutischen Industrie (Dr. Karl Thomae GmbH). 1972–1975 Lehrauftrag für Pharmazie (Arzneistoff-Metabolismus) an der Universität Freiburg, 1975 Habilitation für Biochemische Pharmakologie. Seitdem Privatdozent an der Universität Ulm mit Lehrtätigkeit in Allgemeiner Pharmakologie.

CIP-Kurztitelaufnahme der Deutschen Bibliothek

Pelzer, Helmut:
Pharmakokinetik und Arzneistoffmetabolismus /
Helmut Pelzer. - Darmstadt, Steinkopff, 1981.

ISBN-13: 978-3-7985-0589-6 **e-ISBN-13: 978-3-642-95974-5**
DOI: 10.1007/978-3-642-95974-5

Gesamtherstellung: Druckerei Winter, Darmstadt

Vorwort

Form und Inhalt des vorliegenden Taschenbuchs gehen auf eine Vorlesung zurück, die in den Jahren 1972 bis 1975 an der Universität Freiburg gehalten worden ist. Mit dem Titel „Metabolismus von Arzneimitteln" deckte diese Vorlesung den Teil des Pharmaziestudiums ab, der das Schicksal von Arzneistoffen im Organismus zum Inhalt hat. Das Hauptgewicht lag dabei auf der qualitativen Beschreibung der enzymatischen Umwandlungen von Arzneistoffen im Organismus und der schließlich mit dem Harn ausgeschiedenen Metaboliten. Pharmakokinetische Gesichtspunkte wurden nur beiläufig gestreift. Als 3 Jahre später das Vorlesungsmanuskript zu einem Band in der Reihe „Pharmazie in Einzeldarstellungen" umgearbeitet werden sollte, ergab sich die Notwendigkeit einer besseren Verbindung zur allgemeinen Pharmakologie, die gerade für Pharmazeuten von wachsender Bedeutung ist. Das war möglich durch eine inhaltliche Erweiterung des Kapitels Pharmakokinetik und den Verzicht auf die detaillierte Darstellung der Methoden zur Isolierung und Strukturaufklärung von Arzneistoffmetaboliten aus biologischem Material.

Einer gemeinsamen Darstellung von Kinetik und Metabolismus kommt zugute, daß die Biotransformation ohnehin als Teilgebiet der Pharmakokinetik zu betrachten ist, da sich die Elimination eines Arzneistoffs aus Metabolisierung und Ausscheidung zusammensetzt und zudem pharmakologisch wirksame Metaboliten die Blutspiegel-Wirkungsrelation eines Arzneistoffes maßgeblich beeinflussen können. Damit sind grundlegende Kenntnisse zum Metabolismus von Arzneistoffen nicht nur für Pharmazeuten von Bedeutung. Auch der praktizierende Arzt wird bei der rationalen Erstellung von Dosierungsplänen aufgrund pharmakokinetischer Parameter die metabolische Umwandlung des betreffenden Arzneimittels immer ins Auge fassen müssen.

Eingedenk dieses Zusammenhangs entstand aus einer betont chemisch ausgerichteten Vorlesung über Metabolismus von Arzneimitteln ein stärker biologisch-medizinisch ausgerichtetes Büchlein über Pharmakokinetik und Arzneistoffmetabolismus, das den gemeinsamen Interessen von Apotheker und Arzt besser gerecht werden soll. Es umfaßt gleichgewichtig beide Gebiete, ist aber in seinem Aufbau so konzipiert, daß jedes von ihnen ohne Kenntnis des anderen für sich verständlich bleibt. Wie sehr jedoch erst die Kombination beider Betrachtungsweisen das tatsächliche Geschehen bei der Auseinandersetzung des Organismus mit dem Arzneistoff wiedergibt, wurde in einem Kapitel über Metabolitenkinetik aufzuzeigen versucht.

Die Aufnahme der Pharmakokinetik in ein ursprünglich nur für Metabolismus gedachtes Buch war nicht ohne Risiko. Die Pharmakokinetik hat sich nämlich im vergangenen Jahrzehnt zu einer eigenständigen Wissenschaft mit enormer mathematisch fundierter Theorie entwickelt, was sie für Außenstehende eher als ein Teilgebiet der Mathematik denn als eines der Pharmazie oder Medizin erscheinen läßt. Das hatte zur Folge, daß heute zum tieferen Verständnis pharmakokinetischer Prozesse spezielle Kenntnisse in höherer Mathematik unumgängliche Voraussetzung sind, die von Apothekern und Ärzten in der Regel nicht erworben werden. In vorliegendem Büchlein wurde deshalb versucht, die allgemein gültigen Ergebnisse der theoretischen Pharmakokinetik in eine dem Arzt und Apotheker verständliche Sprache zu übersetzen. Das geschah besonders in den Kapiteln 2 und 3 in der Art, daß der Leser ohne besonderes mathematisches Werkzeug unter Anwendung weniger allgemeiner Gleichungen in die Lage versetzt wird, aus vorhandenen Meßdaten (z. B. Blutspiegel) die wichtigsten pharmakokinetischen Parameter und Konstanten selbst zu ermitteln. Darauf-aufbauend kann dann mit ebenso einfachen Mitteln die Berechnung von Dosierungsplänen für Mehrfachapplikation und Infusion erfolgen.

Bei einer derart vereinfachten Darstellung zum Zwecke der praktischen Anwendung der Pharmakokinetik mußte auf theoretischen (mathematischen) Balast verzichtet werden. Um dem interessierten Leser dennoch die Theorie zugänglich zu machen, werden in einer Appendix am Schluß des Büchleins die mathematischen Ableitungen der in Kapitel 3 benutzten Formeln im Detail beschrieben. Durch diese Trennung von Praxis und Theorie soll es dem Apotheker und Arzt ermöglicht werden, pharmakokinetische Prozesse auch dann zu verstehen und anzuwenden, wenn ihm Zeit und Geduld fehlen, all die mathematischen Grundlagen für die Theorie noch einmal zu erlernen.

Im Kapitel Metabolismus wurde auf eine räumliche Trennung von Grundlagen und Beschreibung der enzymatisch gebildeten

Endprodukte verzichtet. Es sind lediglich die für das Verständnis nicht unbedingt erforderlichen Abschnitte durch Kleindruck gekennzeichnet. Auch konnte ein ursprünglich geplantes zusätzliches Kapitel „Beispiele aus der Praxis", welches dann auch entsprechend ausführliche Angaben zur Fachliteratur enthalten hätte, aus Platz- und Zeitgründen nicht mit aufgenommen werden.

Das Büchlein hätte nicht entstehen können ohne den Fleiß und die große Geduld von *Renate Gnann* und *Christa Kowalik* beim wiederholten Schreiben des Manuskripts bis zu seiner endgültigen Fassung, ohne die Hilfe von *Dagmar Knauth,* die die graphische Reinzeichnung der Abbildungen übernommen hat und ohne das Verständnis der Familie des Autors für dessen „Freizeitgestaltung" über viele Monate. Herr *Klaus-Dieter Willim* besorgte die Simulation der Blutspiegel in Abb. 4.5. an einem Tischrechner WANG 700. Ihnen allen gilt besonderer Dank.

Biberach an der Riß, im Frühjahr 1981 *Helmut Pelzer*

Inhalt

Verwendete Abkürzungen

In den zahlreichen Originalpublikationen und Standardwerken zur Pharmakokinetik sind bis heute die Abkürzungen nicht einheitlich. Für das vorliegende Buch wurden folgende verwendet (Dimensionen in [ ]):

- Gew: Gewicht in mg, µg, ng.
- AUC $\left[\frac{\text{Gew}}{\text{ml}} \cdot \text{h}\right]$: area under the curve = Fläche unter der Plasmaspiegelkurve.
- $a\,[h^{-1}]$: Geschwindigkeitskonstante der Invasion.
- $\alpha, \beta, \gamma\,[h^{-1}]$: Geschwindigkeitskonstante der ersten, zweiten und dritten Phase der Elimination.
- A, B, C $\left[\frac{\text{Gew}}{\text{ml}}\right]$: Koeffizienten für die Höhe der Plasmaspiegel in der α, β und γ-Phase. Definitionsgemäß ist die Summe dieser Koeffizienten eines Plasmaspiegels immer gleich c_{po}.
- $c\left[\frac{\text{Gew}}{\text{V}}\right]$: Konzentration des Farbstoffs in der Modellapparatur.
- $c_p\left[\frac{\text{Gew}}{\text{ml}}\right]$: Arzneistoffkonzentration im Plasma.
- c_{po}: Arzneistoffkonzentration im Plasma zum Zeitpunkt Null.
- c_{prep}^{min}, c_{prep}^{max}: minimale und maximale Arzneistoffkonzentrationen im Plasma bei repetitiver Applikation (c_{pn}: nach der n-ten Applikation).
- $c_{p\infty}^{min}$, $c_{p\infty}^{max}$: dasselbe nach Erreichen des Kumulationsgrenzwertes.
- c_p^{AS}, c_p^{AK}: Plasmakonzentration des Arzneistoffs während der Anstiegs- bzw. Abklingphase bei kontinuierlicher Applikation (Infusion).
- c_p^{SS}: Plasmakonzentration des Arzneistoffs beim Steady State der Infusion.
- Cl $\left[\frac{\text{ml}}{\text{min}}\right]$: Clearance.

Cl_{Arz}	Arzneistoff-Clearance.
Cl_{cr}	Creatinin-Clearance.
Cl_{PAH}	Clearance der Para-Aminohippursäure.
Cl^{ren}	renale Clearance.
Cl^{nren}	nicht-renale Clearance.
Cl^{ren}_{Arz}, Cl^{nren}_{Arz}	renale und nicht-renale Arzneistoff-Clearance
D [Gew]	Dosis.
D^*	Initialdosis.
D^*_I	Initialdosis für eine Infusion.
D^*_A	additive Initialdosis bei Vorliegen eines Rest-Plasmaspiegels
ε	relatives Dosierungsintervall $\tau/t^1/_2$.
e	2,7183, Basis der natürlichen Logarithmen oder: End-Kompartiment
Φ $[h^{-1} \cdot min \cdot ml^{-1}]$	Proportionalitätsfaktor k_e^{ren}/Cl^{ren}
k_1, k_2 $[h^{-1}]$	Invasions- und Eliminationsgeschwindigkeitskonstante für den Farbstoff in der Modellapparatur
k_e bzw. k_e^{gl} $[h^{-1}]$	globale Eliminationskonstante.
k_e^{ren}, k_e^{bil}, k_e^{met}, k_e^{nren}	Geschwindigkeitskonstanten der renalen, biliären, metabolischen, nicht-renalen Elimination.
k_{ij} $[h^{-1}]$	Mikrokonstanten für die Geschwindigkeit des Transfers von Kompartiment i nach Kompartiment j.
M [Gew]	Menge Arzneistoff im Körper.
M_t	Menge Arzneistoff im Körper zur Zeit t.
M(K)	Menge Farbstoff bzw. Arzneistoff im Raum K.

MEC $\left[\frac{Gew}{ml}\right]$	minimale effektive Arzneistoffkonzentration im Plasma.
MTC $\left[\frac{Gew}{ml}\right]$	minimale toxische Arzneistoffkonzentration im Plasma.
R	Kumulationsfaktor D*/D.
S	relative Sättigung bei der repetitiven Applikation.
t [h]	Zeit, gerechnet von der Applikation bzw. vom Beginn der Infusion an.
$t^{1/2}$ [h]	Halbwertszeit.
τ [h]	Dosierungsintervall.
T	relative Zeit $t/t^{1/2}$.
t^{max} [h]	Zeitpunkt des Konzentrations-Maximums.
V [ml]	Volumen.
V_D [ml]	(fiktives, scheinbares) Verteilungsvolumen.
V_K [ml]	tatsächliches Volumen des Körpers.
i.v.	intravenös (vaskulär).
n.v.	nicht-vaskulär (= extravaskulär, also p.o., i.m., i.p., s.c. etc.).
p.o., i.m., s.c.	per os, intramuskulär, subcutan.

1. Einleitung

Das Ziel der Pharmakotherapie ist es, durch Arzneistoffe heilende, lindernde oder vorbeugende Wirkungen zu erzeugen. Um dies zu erreichen, muß das Pharmakon in den Organismus des Patienten so eingebracht werden, daß es genügend lange und in ausreichender Konzentration an den Ort seiner gewünschten Wirkung kommt. Arzneistoffe haben aber nicht nur Wirkungen auf den Organismus, sondern erleiden vielmehr auch durch ihn Veränderungen, die im allgemeinen in der Elimination des Wirkstoffs resultieren. Sie treten demnach mit dem Organismus in eine Wechselbeziehung, indem sie in gewünschter (oder unerwünschter) Weise auf ihn einwirken und gleichzeitig von ihm in mannigfacher Weise verändert werden.

Die Gesamtheit der *Wirkungen* eines Arzneistoffs wird als *Pharmakodynamik* bezeichnet. Zur Unterscheidung davon wurde der Begriff der *Pharmakokinetik* geprägt, wobei in dem Wort „Kinetik" der zeitliche Ablauf der quantitativen und qualitativen Veränderungen des Pharmakons zum Ausdruck kommen soll.

Da die Wirkungsstärke in der Regel von der Konzentration der Wirksubstanz im Organismus abhängt, spiegeln sich pharmakokinetische Prozesse stets mittelbar oder unmittelbar in der Pharmakodynamik der betreffenden Substanz wider. Oft besteht zwischen beiden eine zeitliche Parallelität, aber es sind ebenso Beispiele bekannt, wo die Wirkung eines Arzneistoffs länger anhält als er selbst im Organismus anwesend ist.

Arzneistoffe sind für den menschlichen (und tierischen) Körper Fremdstoffe, die - in zu hohen Mengen von ihm aufgenommen - giftige Wirkungen entfalten können. Als potentielle Gifte unterliegen sie deshalb allen Prozessen, die dem Organismus zum Schutze vor Fremdstoffen zur Verfügung stehen. Aktive, d. h. energieverbrauchende Vorgänge sind dabei der chemisch-enzymatische Abbau und die aktive Excretion derartiger Substanzen, während es sich bei der Resorption, der Verteilung über den Organismus und der passiven Excretion (Ausscheidung) fast ausschließlich um Diffusionsprozesse ohne Energieverbrauch handelt.

Bereits im 19. Jahrhundert, als die medizinisch nutzbare Wirkung einer Reihe chemisch synthetisierter Substanzen bekannt wurde, begann man sich für die Umwandlung und Ausscheidung solcher Stoffe in Tier und Mensch zu interessieren. Mit den damals noch groben chemisch-analytischen Methoden isolierte man den Arzneistoff und/oder seine Metaboliten aus dem Harn von behandelten Tieren oder von Patienten, um sich über die enzymatischen Umwandlungen solcher Fremdsubstanzen im Organismus zu unterrichten. Man erkannte bald, daß Biotransformationen von Fremdstoffen offenbar nach ganz bestimmten Gesetzmäßigkeiten erfolgen, und es wurde das erklärte Ziel vieler Arbeitsgruppen, diese herauszufinden und zu verstehen. Mit der ständigen Weiterentwicklung der Methodik bemerkte man zudem, daß nicht nur die enzymatische Umwandlung nach feststehenden Regeln abzulaufen scheint, sondern auch die Geschwindigkeit, mit der ein Fremdstoff aus dem Körper eliminiert wird. Das fiel zunächst bei seiner quantitativen Bestimmung im Harn auf, bestätigte sich dann aber in eindrucksvoller Weise bei der Messung von Arzneistoffkonzentrationen im Blut nach erfolgter Applikation. Während bei den Untersuchungen der Ausscheidungsprodukte im Harn neben der chemischen Struktur besonders die Menge, bezogen auf die gegebene Dosis interessierte (Ausscheidungsbilanz), wurden die Messungen im Blut hauptsächlich zum Studium der Relation von Plasmakonzentration zur Wirkungsstärke durchgeführt. Dabei stellte sich heraus, daß die Blut- bzw. Plasmaspiegel einfachen mathematischen Funktionen entsprechen, mit Hilfe derer man aus wenigen Messungen Plasmaspiegel über längere Zeit und für wiederholte Applikation vorausberechnen kann.

In Anlehnung an die in der Enzymkinetik übliche Terminologie wurde 1953 von dem Pädiater *F. H. Dost* für die quantitative Beschreibung zeitlicher Konzentrationsänderungen von Arzneistoffen im Körper der Terminus „Pharmakokinetik“ eingeführt. Wie dort war es nämlich möglich geworden, Verteilungs- und Eliminationsprozesse von Arzneistoffen in die Form von Reaktionsgleichungen zu abstrahieren. Dazu betrachtete man den Organismus als eine Summe von fiktiven Räumen, sogenannten Kompartimenten, *innerhalb* derer der Arzneistofftransfer rasch, *zwischen* denen er aber mit Geschwindigkeiten abläuft, die größenordnungsmäßig der seiner (globalen) Elimination entsprechen. Es fiel auf, daß sich der Körper für die eine Wirksubstanz wie *ein* einheitlicher Raum (Kompartiment), für eine andere wie *zwei oder mehrere* Räume verhält. Diese Unterschiede von Substanz zu Substanz waren quantitativ am besten zu erfassen, wenn man sich Modellvorstellungen bediente, bei denen ähnlich wie in der Enzym-Kinetik die einzelnen Kompartimente als Kästchen, der Arzneistofftransfer als Pfeile dargestellt werden. Solche pharmakokinetischen Kompartmentmodelle gestatteten nun auch theoretische Betrachtungen über andere noch unbekannte pharmakokinetische Prozesse, die dann ihrerseits im biologischen Experiment auf Richtigkeit zu überprüfen waren. Aus einer empirischen Wissenschaft entwickelte sich die theoretische Pharmakokinetik.

Neben der quantitativen Beschreibung von zeitlichen Veränderungen der Arzneistoffkonzentrationen im Organismus nahm auch die Erforschung der enzymatischen Umwandlung von Arzneistoffen im tierischen und menschlichen Organismus ihren Fortgang. Das um so mehr als sich herausgestellt hatte, daß die Biotransformation als Teilprozeß der Elimination ebenso quantitativen Gesetzen folgt wie die anderen pharmakokinetischen Prozesse. So begann man nicht nur den Gesamtvorgang der Metabolisierung in vivo zu studieren, sondern darüber hinaus jeden einzelnen Schritt der Biotransformation, und zwar zunächst in Homogenaten isolierter Organe von Tieren, später aber an möglichst gereinigten Enzymen. Man lernte eine ganze Reihe von Enzymen kennen, die an der Biotransformation von Fremdstoffen beteiligt sind und fand heraus, daß Arzneistoffe in unwirksame und wirksame Metabolite übergeführt werden können und daß bei dieser Biotransformation lipophile Substanzen successive in hydrophile übergehen, die dann leichter vom Organismus ausgeschieden werden können. Ganz neue Möglichkeiten eröffneten sich schließlich zur Entwicklung wirksamer aber weniger toxischer Arzneistoffe, indem man bei der Syntheseplanung die Einbeziehung von chemischen Gruppen, die zu toxischen Verbindungen metabolisiert werden, tunlichst vermied. Aus der genauen Kenntnis der Metabolisierungswege von beliebigen Fremdstoffen konnte schließlich die Entwicklung von Substanzen in Angriff genommen werden, die selbst keine Wirkung haben, im Körper jedoch zu Wirkstoffen metabolisiert werden. Und auch die metabolische Bildung toxischer Substanzen aus therapeutischen Wirkstoffen erlangte großes Interesse vor allem im Hinblick auf deren mögliche Anreicherung (d. h. Konzentrierung) im Körper bei repetitiver Applikation eines Medikaments.

Gleichermaßen aufregend aus der Sicht des Enzymforschers wie aus der des Pharmakokinetikers war die Entdeckung, daß die Enzyme der Biotransformation durch eine Reihe von Fremdstoffen (einschließlich Arzneistoffe) gehemmt oder induziert werden können und daß es sogar Arzneistoffe gibt, die durch Enzyminduktion ihre eigene Metabolisierung stimulieren, was bei längerer Anwendungsdauer die Beschleunigung ihrer eigenen Elimination zur Folge hat.

Es ist leicht einzusehen, daß solche Ergebnisse der Grundlagenforschung Auswirkungen auf das Verständnis von der Arzneimittelsicherheit haben mußten, sowohl bezüglich der Wirkung wie im Hinblick auf vorhersehbare Nebenwirkungen neuer Medikamente. Sozusagen als Nebenbefund der Pharmakokinetik lernte man darüber hinaus durch vergleichende Blutspiegelbestimmungen verschiedener pharmazeutischer Zubereitungen deren tatsächliche Bioverfügbarkeit zu ermitteln. Das führte dazu, daß nur noch Medikamente zur therapeutischen Anwendung kommen, für die außer der Freisetzung des in ihnen enthaltenen Arzneistoffs auch dessen Verfügbarkeit am Ort seiner Wirkung nachgewiesen ist.

Die Pharmakokinetik mit ihrem Teilgebiet Arzneistoff-Metabolismus hat sich so aus der Empirie neugieriger Forscher des vorigen Jahrhunderts zu einem eigenständigen Zweig der Grundlagenforschung entwickelt, der durch Theorie und Experiment viel zum Verständnis von Arzneimittelwirkungen und Nebenwirkungen beiträgt. Sie hat damit gerade in den letzten Jahren wachsendes Interesse gefunden bei den für die Arzneimittelsicherheit verantwortlichen Behörden wie auch beim praktizierenden Arzt und dem für die Bereitstellung von Arzneimitteln zuständigen Apotheker. Auch ist die Pharmakokinetik in den Studienplan von Medizinern und Pharmazeuten aufgenommen worden. Es hat sich indes gezeigt, daß für alle diese Gruppen von Interessenten die „Kunstsprache der Pharmakokinetiker" (*L. Dettly*), so wie sie in unzähligen Publikationen und Standardwerken den Fachleuten zur gegenseitigen Information dient, in ihrer Ausführlichkeit oft nur schwer oder gar nicht verständlich ist. Im Folgenden wurde deshalb der Versuch unternommen, die Grundlagen und wichtigsten Anwendungsmöglichkeiten der Pharmakokinetik aus dieser Kunstsprache der Fachleute in eine dem Arzt und Apotheker verständliche Form zu übersetzen. Dabei wurden ganz bewußt Arzneistoff-Metabolismus und Pharmakokinetik als Einheit betrachtet, was unter anderem auch durch die Aufnahme eines kurzen Kapitels „Metaboliten-Kinetik“ zum Ausdruck kommen soll.

2. Grundbegriffe und Definitionen in der Pharmakokinetik

2.1. Allgemeines

Eine erfolgreiche Pharmakotherapie basiert auf zwei Voraussetzungen: Einerseits muß das verwendete Pharmakon grundsätzlich in der gewünschten Weise wirksam sein, d. h. es muß eine entsprechende „Intrinsic Aktivität" besitzen, und es muß andererseits in molekularer (d. h. gelöster) Form an seinen Wirkort im Organismus gelangen und dort auch genügend lange in ausreichender Konzentration vorhanden sein.

In der Pharmakokinetik wird unterschieden zwischen Medikament (Arznei) und Arzneistoff (Wirkstoff, Pharmakon). Unter ersterem wird die pharmazeutische Zubereitung (das Präparat) verstanden, wie z. B. die Tablette, das Dragée, der Saft, die Lösung, die Salbe etc., die alle neben einem oder mehreren Arzneistoffen auch therapeutisch indifferente Begleitstoffe, sog. Inkremente, wie Stärke, Zucker, Wasser, Lösungsvermittler, Farbstoffe usw. enthalten. Pharmakokinetische Betrachtungen gelten stets nur dem Arzneistoff, selbst wenn er in Form eines Medikaments verabreicht wird.

Der sicherste Weg, einen potentiell wirksamen Arzneistoff an den Ort seiner Wirkung zu bringen, besteht in seiner lokalen Applikation. Er kommt dabei (in gelöster Form!) direkt an den Ort „seines" Rezeptors (was immer man im speziellen Fall unter Rezeptor zu verstehen hat), mit dem er dann unmittelbar in Wechselwirkung treten kann. Aber selbst hier verbleiben die Wirkstoffmoleküle nur begrenzte Zeit am Ort ihrer Wirkung, wenn auch die Wirkstoff-Konzentration dort am höchsten ist und deshalb Nebenwirkungen anderenorts relativ niedrig bleiben.

Die Wirkorte vieler Arzneistoffe sind nicht bekannt oder sind nicht durch lokale Applikation erreichbar. In diesen Fällen bedient man sich einer „systemischen" Anwendung. Der Arzneistoff wird dann an einer anderen geeigneten Stelle in den Organismus eingebracht, von wo er nach Übertritt in das Blutgefäßsystem („Resorption") sehr rasch über ihn verteilt wird und aus dem Blut mittels Diffusion durch die Wand der Kapillaren in die Gewebe gelangt.

Die mehr oder weniger gleichmäßige Verteilung über den Organismus hat eine Verdünnung des Arzneistoffs zur Folge, weshalb relativ große Mengen (hohe Dosen) erforderlich sind, will man am Wirkort die dort erforderlichen Mindestkonzentration erreichen. Das gilt grundsätzlich für jede Art von systemischer Anwendung, sei es durch orale, intramuskuläre, intravenöse, bukkale, kutane etc. Applikation.

Der Resorption überlagert ist immer auch eine Elimination des betreffenden Arzneistoffs. Der Blutstrom führt ihn nämlich nicht nur an den Ort seiner gewünschten Wirkung und in andere Gewebe, sondern auch durch Organe, die ihn mittels enzymatischer Umwandlung (z. B. Leber) oder durch Ausscheidung (z. B. Niere) wieder eliminieren. Auf diese Weise kommt es zu einem dynamischen Gleichgewicht zwischen Resorption und Elimination, das die Konzentration des Arzneistoffs im Körper zu jedem Zeitpunkt nach Beginn der Resorption bestimmt. Diese Vorgänge der stetigen Veränderungen können in der Pharmakokinetik exakt mathematisch beschrieben werden. Dazu bedient man sich einer Reihe von Termini technici, die teils für die Pharmakokinetik neu kreiert, teils aus anderen Bereichen der medizinischen Wissenschaften übernommen worden sind. Für das Studium der Pharmakokinetik bildet die Kenntnis dieser Termini und ihrer Definitionen eine unverzichtbare Basis. Sie müssen deshalb zuerst abgehandelt und erklärt werden, bevor im Kapitel 3 mit ihnen sinnvoll und erfolgreich operiert werden kann.

2.2. Applikation und Applikationsort

Die Verabreichung eines Medikaments wird als seine Applikation bezeichnet. Man unterscheidet zwischen einmaliger und wiederholter (repetitiver) Applikation. Eine Infusion über einen längeren Zeitraum ist eine kontinuierliche Applikation. Das Verb *applizieren* bedeutet in der Pharmakokinetik „eine Applikation vornehmen“ und nicht (in wörtlicher Übersetzung von applicare) „das Medikament anwenden“, was eine allgemeinere Bedeutung hätte.

In Abhängigkeit vom Applikationsort gibt es verschiedene Applikationsarten. Der Applikationsort kann sein: der Mund-Rachenraum (per oral), die Mundschleimhaut unter der Zunge (bukkal), das Rektum (rektal), das Muskelgewebe (intramuskulär), die Oberfläche der Epidermis (kutan), der Raum zwischen Epidermis und Gewebe (subkutan), das Blutgefäßsystem (vaskulär: intravenös oder intraarteriell), das Peritoneum (intraperitoneal), der Liquorraum (intrathekal), die Lungenalveolen (pulmonal) etc.

Die Applikationsarten werden in zwei Gruppen unterteilt. Die eine beinhaltet die lokale (topische) Anwendung, die andere eine systemische. Bei der ersteren sind Applikationsort und Wirkort des Arzneistoffs identisch, bei der zweiten muß der Arzneistoff vom Applikationsort zum Wirkort eine räumliche Distanz überwinden. Ein und dieselbe Applikationsart kann der einen oder anderen der beiden Gruppen zuzuordnen sein. So zählt beispielsweise die kutane Applikation bei der Pharmakotherapie einer Hautkrankheit zur topischen Anwendung, während das Einreiben größerer Hautoberflächen mit einem Antirheumatikum eine systemische Anwendung darstellt. Ebenso kann man die Therapie einer Enteritis mit einem schwer resorbierbaren Sulfonamid als topische, die Behandlung einer Harnwegsinfektion mit einem per oral verabreichten resorbierbaren Sulfonamid als systemische Anwendung bezeichnen.

2.3. Resorption und Invasion

Unter Resorption versteht man den Übertritt des Arzneistoffs vom Applikationsort in das zentrale Kompartiment (Blut-Kreislauf und interstitieller Raum, siehe Kapitel 2.8.). Gelangt er jedoch mittels Diffusion von außerhalb dorthin wie z. B. nach i. m. Applikation, so spricht man von Invasion ins zentrale Kompartiment. Bei seinem Übergang aus dem zentralen in ein peripheres Kompartiment (z. B. Gehirn) handelt es sich ebenfalls um eine Invasion, jetzt jedoch bezogen auf dieses Kompartiment.

Die Invasionsgeschwindigkeit wird bestimmt von der jeweiligen Diffusionskonstanten und dem Konzentrationsgradienten beiderseits der Diffusionsbarriere, die ihrerseits grundsätzlich aus einer oder mehreren biologischen Membranen besteht (siehe auch Kapitel 2.8. und 2.9.).

2.4. Resorptionsquote und Resorptionsrate

Die Resorptions*quote* zeigt das *Ausmaß* der Resorption an. Sie kann maximal 100% betragen. Von ihr zu unterscheiden ist die Resorptions*rate,* die *Geschwindigkeit* mit der ein Arzneistoff vom Ort seiner Applikation (z. B. p. o., i. m.) resorbiert wird.

2.5. Verteilung (Distribution)

Ist ein Arzneistoff vom Organismus per Resorption aufgenommen oder in ihn per Injektion eingebracht worden, dann verteilt er sich, seinen physikalisch-chemischen Eigenschaften gemäß, über Gewebe und Organe. Das für jeden Arzneistoff charakteristische Verteilungsmuster wird auch Distribution genannt.

Der hauptsächliche Transportfaktor für die Verteilung eines Arzneistoffs über den Organismus ist das Blut. In dem Maß wie die Arzneistoffmoleküle bei der Resorption in den Kreislauf gelangen, werden sie vom strömenden Blut sofort weggetragen und gelangen mit ihm sehr rasch in alle Gefäße und Kapillaren. Von dort diffundieren sie durch die Gefäßwand in die Gewebe, u. z. zuerst in die Interstitialflüssigkeit und dann weiter entweder an die Oberflächen der Zellmembranen (dem Sitz vieler Arzneistoffrezeptoren) oder durch die Membranen hindurch in die Zellen. Es handelt sich hierbei grundsätzlich um Diffusionsvorgänge, d. h. um einen Stoffaustausch, der stets in beiden Richtungen der Gefäßwand bzw. der Zellmembran verläuft (siehe Kapitel 2.9.). Da sich Fremdsubstanzen leicht adsorptiv an biologische Strukturen wie Membranen, Biopolymere, Lipide etc. binden, kommt es in der Regel infolge unterschiedlicher Affinitäten zur ungleichmäßigen aber für jeden Arzneistoff charakteristischen Verteilung (Verteilungsmuster).

Die Konzentrationen des Arzneistoffs an den verschiedenen Verteilungsorten stehen stets im dynamischen Gleichgewicht zueinander. Bei rascher Invasion und/oder Elimination kann es jedoch zu Ungleichgewichten kommen, die sich dann in einer zeitlichen Veränderung des Verteilungsmusters manifestieren. So wird ein gut lipidlöslicher Stoff bei einer raschen Resorption zunächst relativ stark im Blut konzentriert sein, später aber – nach ausreichender Diffusion ins Fettgewebe – während der Eliminationsphase aus diesem verzögert abgegeben: Das Konzentrationsverhältnis Blut : Fettgewebe nimmt während der Elimination ab (Depoteffekt des Fettgewebes).

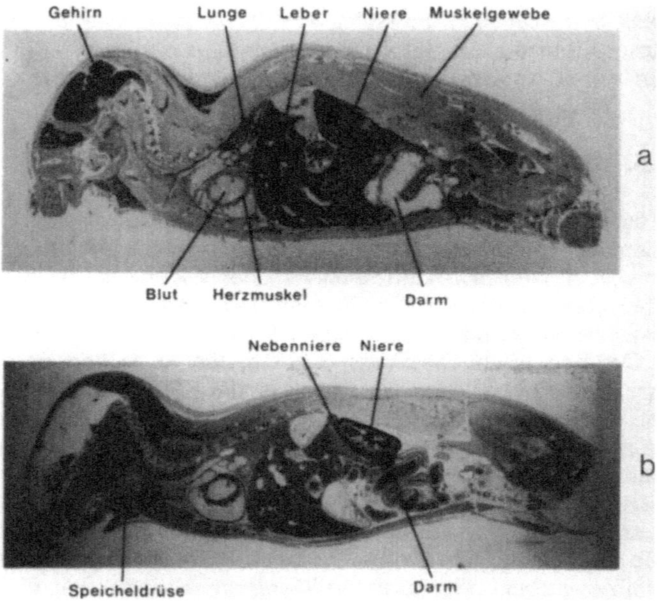

Abb. 2.1.: Verteilungsstudien von Arzneistoffen in Ratten mit Hilfe der Ganztier-Autoradiographie nach Applikation der radiomarkierten Substanz. Die Tiere bekamen a) ^{14}C-Trazodone (ein Antidepressivum), 8 mg/kg, b) ^{14}C-Pirenzepin (ein Anti-Ulkusmittel[1])), 2 mg/kg, beides intravenös. 10 Minuten nach Applikation wurden die Tiere getötet und dann im tiefgefrorenen Zustand geschnitten. Der Röntgenfilm der Schnitte zeigt als Schwärzung die Verteilung des Arzneistoffs über den Organismus.

Aus a) *F. W. Koss* und *U. Busch,* in "Depression and the Role of Trazodone in Antidepressant Therapy", Edizioni Luigi Pozzi, Rom, 11-20 (1978).
b) *R. Hammer, N. Kaubisch, Z. Kopitar, A. Prox, A. Zimmer* und *F. W. Koss,* Therapiewoche **27,** 1567-1574 (1977).

Verteilungsmuster von Arzneistoffen lassen sich im Tierversuch (Maus, Ratte etc.) eindrucksvoll visualisieren. Bei dem Verfahren der

---

[1]) Gastrozepin®

Ganztier-Autoradiographie erhält das Tier den Arzneistoff in einer radiomarkierten Form appliziert. Beispielsweise wird zu diesem Zweck eine mit Radiokohlenstoff (^{14}C) markierte Substanz verwendet. Nach Ablauf einer gewünschten Zeit wird das Tier getötet und sofort tief gefroren. Anschließend fertigt man von ihm mit Hilfe eines geeigneten Mikrotoms Dünnschnitte an und legt diese längere Zeit auf Röntgenfilm. Dort werden durch die Radioaktivität Schwärzungen bzw. Grautönungen verursacht, die der Lokalisation des Arzneistoffs im Dünnschnitt entsprechen (Abb. 2.1.). Bei längerer Anwesenheit des Arzneistoffs im tierischen Organismus wird er zunehmend metabolisiert, so daß dann der Röntgenfilm nicht nur den Arzneistoff selbst sondern auch seine Metaboliten anzeigt (vgl. Kapitel 4.).

2.6. Disposition

Von der Distribution (Verteilung) zu unterscheiden ist der übergeordnete Begriff der *Disposition,* der den Gesamtprozeß von Distribution und Elimination zusammenfaßt, also auch die Biotransformation als Teil der Elimination einschließt.

2.7. Verteilungsvolumen

Bei vollkommen homogener Verteilung eines Arzneistoffs über den gesamten Organismus gilt die Beziehung

$$c = \frac{M}{V_k} \tag{2.1.}$$

wobei c die mittlere Konzentration des Arzneistoffs, M die im Körper vorhandene Menge und V_k das Volumen des Körpers ist. Man kann diese Gleichung auch nach V_k umstellen

$$V_k = \frac{M}{c} \tag{2.2.}$$

Bei parenteraler Applikation ist M genau bekannt. Läßt man die Ausscheidung außer Betracht, so kann man zwar aus M und der im Blutplasma (zentrales Kompartiment) bestimmbaren Konzentration ein Volumen leicht berechnen. Es stimmt aber kaum je mit dem tatsächlichen Volumen des Körpers überein. Der Unterschied resultiert aus einer nicht-homogenen Verteilung des Arzneistoffs im Organismus. Ist die durchschnittliche Konzentration in den peripheren Kompartimenten größer als die im zentralen Kompartiment, so wird aus der Messung der Konzentration im Plasma (c_p) ein scheinbar größeres Volumen resultieren als das tatsächliche V_k. Ist die Konzentration im Plasma höher als in den peripheren Kompartimenten, so gilt das Gegenteil. Das sich auf diese Weise aus dem Blut-(Plasma-)-spiegel ergebende *scheinbare* Volumen hat als „Verteilungsvolumen" erhebliche pharmakokinetische Bedeutung. Beispielsweise kann man aus ihm erkennen, ob und in welchem Maß der Arzneistoff im Blut oder in Geweben bzw. Organen konzentriert ist. Das Verteilungsvolumen, auch „fiktives Verteilungsvolumen" genannt, trägt die Bezeichnung V_D (volume of distribution). Es ist für jeden Arzneistoff charakteristisch. Gemessen wird es bei einer Dosis D durch Extrapolation der Plasmaspiegelkurve auf die Zeit Null (c_{po}). Gleichung (2.2.) geht dann über in

$$V_D = \frac{D}{c_{po}} \qquad (2.3.)$$

2.8. Kompartimente (Verteilungsräume)

Die Pharmakokinetik betrachtet den Organismus als ein aus einem oder mehreren Kompartimenten (fiktiven Körperregionen) bestehendes physikalisches System. In einem Kompartiment sind jeweils alle diejenigen Körperregionen zusammengefaßt, in denen bzw. zwischen denen sich der Arzneistoff rasch verteilt. Innerhalb einer solchen Region existierende unterschiedliche Arzneistoff-Konzentrationen stehen im ständigen Gleichgewicht zueinander. Solch ein Kompartiment kann z. B. der gesamte Organismus (innerhalb von Haut und Schleimhäuten) sein. Dann wird der Verlauf der Arzneistoff-Konzentrationen (z. B. im Blut, aber ebenso in jeder anderen Körperregion) nach der aus dem sog. Ein-Kompartment-Modell abgeleiteten mathematischen Funktion erfolgen. Anderenfalls liegt ein Mehr-(Multi-)Kompartiment-System vor, d. h. zwei oder mehrere Teilregionen des Organismus sind im Sinne der Pharmakokinetik als getrennte Räume zu betrachten, *zwischen* denen der Arzneistoff-Austausch (Einstellung des Gleichgewichts) wesentlich langsamer vonstatten geht, als seine Verteilung *innerhalb* dieser Kompartimente.

Da der Arzneistoff bei der Resorption meist zuerst in den Blutkreislauf gelangt und erst dort systematisch verteilt wird, bezeichnet man das Blutgefäßsystem mit Interstitialraum als *Zentrales Kompartiment.* Die außerhalb davon befindlichen Räume nennt man folgerichtig *periphere Kompartimente.*

Ein in der Pharmakokinetik wichtiger Sonderfall liegt vor, wenn die Diffusion des Arzneistoffs in eines der peripheren Kompartimente sehr viel schneller erfolgt als sein Rückfluß ins zentrale Kompartiment. Dann liegt in der Peripherie ein sog. *Depot-Kompartiment* vor. Sind dagegen beide Geschwindigkeiten, die des Hin- und die des Rückflusses sehr klein, so kommt es zu einem „Ungleichgewicht" zwischen Peripherie und zentralem Kompartiment: Im Organismus ist ein tiefes Kompartiment oder *Deep Compartment* vorhanden. Solche tiefen Kompartimente spielen bei Einmalapplikation praktisch keine Rolle, da hier infolge des langsamen Einstroms ohnehin nur wenig Arzneistoff in solche tiefen Kompartimente gelangt. Bei wiederholter Gabe jedoch kommt immer mehr Arzneistoff in das tiefe Kompartiment, der dann nach Absetzen der Medikation ebenso langsam wieder aus diesem herausfließt. Lange anhaltende, wenn auch niedrige Blutspiegel sind die Folge.

Das Gegenteil eines tiefen Kompartiments ist ein „flaches Kompartiment". Es zeichnet sich durch eine schnelle Hin- und Rückverteilung des Arzneistoffs zwischen ihm und dem zentralen Kompartiment aus. Je „flacher" ein peripheres Kompartiment ist, desto weniger kann es pharmakokinetisch vom zentralen Kompartiment unterschieden werden.

2.9. Biologische Membranen und Diffusionsbarrieren

Jedes Pharmakon passiert auf seinem Weg vom Ort der Applikation zu seiner Biophase und im Zuge seiner Elimination eine ganze Reihe von Barrieren. Es sind dies biologische Membranen mannigfacher Art. Arzneistoffe permeieren durch diese Membranen im Allgemeinen nicht mittels eines aktiven Transports, d. h. unter Aufwendung von Energie, sondern nach den physikalischen Gesetzen der passiven Diffusion.

Biologische Membranen bestehen – unabhängig von ihrer oft sehr unterschiedlichen Funktion – im Wesentlichen aus Lipiden und Proteinen. Zu den Lipiden zählen hauptsächlich Phospholipide und Cholesterin, zu den Proteinen Enzyme im weitesten Sinn und Strukturproteine. Die Phospholipide bilden aufgrund ihrer Eigenschaft, an dem einen Molekülende lipophil und am anderen hydrophil zu sein, bimolekulare Schichten (engl. bilayers), in welche die Proteine je nach Größe und Struktur eingelagert sind. Vielseitige physikalische Wechselbeziehungen wie Ionenbindungen und hydrophobe Adsorption bestimmen ganz allgemein die mechanische Festigkeit von Biomembranen. Wo sie nicht ausreichen, sind zusätzlich netzartige Struktur-Proteine eingelagert (Abb. 2.2.).

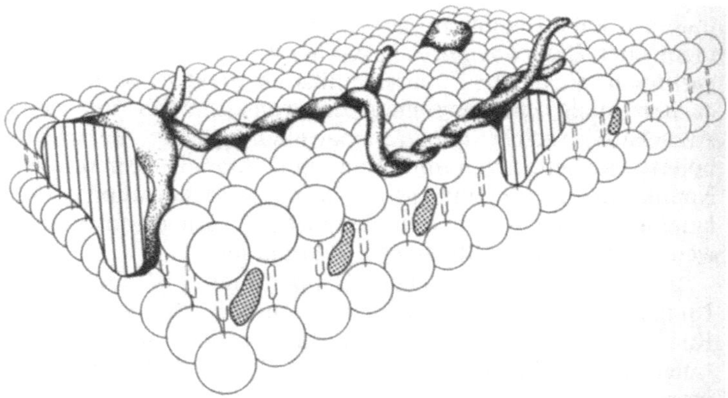

Abb. 2.2.: Schematische Darstellung einer Biomembran mit Phospholipiden ( ), Cholesterin ( ), globulären Proteinen ( ) und Strukturproteinen ( ), modifiziert nach *R. Hammer* et al., Zitat siehe Abb. 2.3.

Aus diesem Membranaufbau ergeben sich zwei prinzipiell verschiedene Möglichkeiten der Diffusion: Wasserlösliche Substanzen von sehr kleinem Molekulargewicht (z. B. Harnstoff) wandern durch wassergefüllte, von Protein umschlossene Poren, lipidlösliche Substanzen diffundieren mittels „Lösung“ durch die Phospholipid-Schichten.
Im allgemeinen können Arzneistoffe um so besser das umfangreiche Membransystem passieren und sich auf diese Weise über den Körper verteilen, je lipidlöslicher sie sind. Bei Substanzen, die ionisierbare Molekülreste enthalten, ist die Diffusionsfähig-

keit vom pK_a-Wert*) der Substanz und vom pH der jeweils an die Membran grenzenden Flüssigkeit abhängig. Denn nur die nicht ionisierte Form ist genügend lipophil, um passiv durch die Membran zu diffundieren. So sind z. B. Barbiturate mit ihrem $pK_a > 7$ im leicht sauren Milieu lipophil, im alkalischen dagegen hydrophil. Amphetamin und andere basische Wirkstoffe mit einem $pK_a < 7$ verhalten sich umgekehrt.

Die Diffusions*fähigkeit* eines Arzneistoffs durch die diversen Membran-Barrieren bei der Resorption, Verteilung und Elimination ist durch Diffusionskonstanten definierbar. Die *Geschwindigkeit* des Stoffaustauschs ist darüber hinaus proportional der Flächengröße der jeweiligen Membran und dem Konzentrationsgradienten. Sie ist somit durch das aus der Physik bekannte Fick'sche Diffusionsgesetz gegeben:

$$\frac{dq}{dt} = D \cdot A \cdot \frac{c_1 - c_2}{x} \qquad (2.4.)$$

q = Menge der während der Zeit t diffundierten Substanz
D = Diffusionskonstante
A = Fläche der Membran
c_1, c_2 = Konzentrationen der Substanz beiderseits der Membran
x = Dicke der Membran

Resorption, Verteilung und Ausscheidung verlaufen dort relativ schnell, wo große Membran-Flächen zur Verfügung stehen und die Konzentrationen des (frei gelösten) Arzneistoffs zu beiden Seiten der betreffenden Membranen möglichst unterschiedlich sind. Große Oberflächen befinden sich im Organismus überall dort, wo physiologischerweise reichlich Stoffaustausch stattfindet, wie z. B. im Gastrointestinaltrakt zwecks Aufnahme von Nahrungsstoffen, in der Lunge für den Gasaustausch (O_2, CO_2) und in der Niere zur Ausscheidung von Stoffwechselprodukten.

Anatomisch wird eine Flächenvergrößerung durch Faltung der Membran erreicht, wie man es von der Magen- und Darm-Mucosa mit ihren zahllosen Villi (Zotten) und Mikrovilli kennt. Auf ähnliche Weise verbessert die große Oberfläche der weit verzweigten Kanälchen der Niere deren Funktion als Ausscheidungsorgan.

Die Permeation eines Pharmakons aus dem Darmlumen (einem Gebiet relativ hoher Substanzkonzentration) durch die Darmschleimhaut

*) pK_a-Wert = pH-Wert bei dem die Substanz zu 50% dissoziiert ist.

in die Kreislaufflüssigkeit (niedrige Substanzkonzentration) ist, alles in allem, mit Gl (2.5.) zu beschreiben, die wie Gl (2.4.) eine Form des Fick'-schen Diffusionsgesetzes darstellt

$$\frac{dM}{dt} = -D \cdot A \cdot \frac{dc}{dx} \qquad (2.5.)$$

dM = Menge des innerhalb der Zeit dt diffundierenden Arzneistoffs
D = Diffusionskoeffizient
A = Oberfläche des betrachteten Teils der Darmschleimhaut
$\frac{dc}{dx}$ = Konzentrationsgradient

Für die Resorption von Arzneistoffen aus dem Darmlumen ist vermutlich die Bürstensaummembran der Epithelzellen die geschwindigkeitsbestimmende Stufe. Da diese jedoch mikroskopisch dünn ist, entfällt in Gl (2.5.) das dx, und dc/dx kann durch ($c_{int} - c_{bl}$) ersetzt werden. Faßt man auch noch die beiden konstanten Größen D und A zu einer neuen Konstante K zusammen, dann vereinfacht sich Gl (2.5.) zu

$$\frac{dM}{dt} = -k \cdot (c_{int} - c_{bl}) \qquad (2.6.)$$

c_{int} = Arzneistoffkonzentration im Intestinum
c_{bl} = Konzentration an freiem (nicht eiweißgebundenem) Arzneistoff im Blut

Infolge des ständigen Abtransports durch das Blut mit Verteilung und Elimination ist zudem c_{bl} im Vergleich zu c_{int} meist verschwindend klein. Das ergibt eine weitere Vereinfachung der Gl (2.6.) zu

$$\frac{dM}{dt} = -k \cdot c_{int} \qquad (2.7.)$$

Die Resorptionsrate dM/dt ist demnach direkt proportional der Konzentration des im Magen-Darm-Lumen in gelöster (!) Form vorhandenen Arzneistoffs.

In einem geschlossenen System führt ein passiver Stoffaustausch zu allmählichen Angleichungen der Konzentrationen in den verschiedenen Räumen. Dadurch verkleinern sich die Konzentrationsgradienten, bis sie bei Erreichen des Gleichgewichts völlig verschwinden. Der Organismus hat, was den Transfer von Arzneistoffen (allgemein von Fremdstoffen, siehe Kapitel 4) betrifft, nur „offene Systeme", d. h. es werden an den Membranen ständig Konzentrationsgradienten aufrecht erhalten bzw. immer wieder neu hergestellt.

Ist ein Arzneistoff in das Blut gelangt, so führt sein Weg als erstes in den mit Flüssigkeit gefüllten Interstitialraum der Gewebe und Organe. Auffällig ist die Zusammensetzung der Interstitialflüssigkeit. Sie stimmt mit der des Serums fast völlig überein mit Ausnahme des Proteingehalts, der nur 5–6% der Proteinkonzentration im Serum beträgt. Diese Ähnlichkeit von Interstitialflüssigkeit und Serum hat ihre Ursache im erleichterten Austausch der niedermolekularen Serumbestandteile zwischen den beiden Flüssigkeiten.

Hydrophile Stoffe passieren die Kapillarwand durch enge mit Wasser gefüllte Poren (Kanälchen). Hier ist die Diffusionsrate direkt von der Molekülgröße abhängig, und so permeiert z. B. Harnstoff (Mol. Gew. = 60) wesentlich rascher als Inulin (Mol. Gew. ≈ 5000) durch die Kapillarwand. *Lipophile* Substanzen (zu denen auch gasförmige Stoffe wie Sauerstoff und die Inhalationsnarkotika zählen) diffundieren dagegen ohne nennenswerten Widerstand durch den lipoiden Teil der die Gefäßwand aufbauenden Endothelzellmembranen. So steht den lipophilen Stoffen fast die gesamte Oberfläche der Blutkapillaren für die Permeation zur Verfügung. Hier ist die Diffusions*rate* lipophiler Stoffe daher um ein Vielfaches größer als die der wasserlöslichen Substanzen.

Für die Pharmakokinetik ist von Bedeutung, daß der Anteil der Interstitialflüssigkeit am Gesamtkörpergewicht mit 16% 4 × größer ist als der des Blutserums (4%). Beide werden unter den Begriff *Extrazellulärflüssigkeit* zusammengefaßt. Ihr Volumen ist etwa ⅔ so groß wie das Volumen der gesamten *Intra*zellulärflüssigkeit des Körpers.

Die überwiegende Zahl der Arzneistoffe sind niedermolekulare lipid- oder wasserlösliche Substanzen, für welche die Kapillarwand keine nennenswerte Diffusionsbarriere darstellt.

2.10. Wirkort und Biophase

„Wirkort“ und „Biophase“ sind keine streng definierten Begriffe. Als Wirkort bezeichnet man die Stelle im Organismus, wo der Arzneistoff seine spezifische Wirkung (oder Nebenwirkung) entfaltet. Für die Wirkungsstärke ist die Konzentration des Arzneistoffs gerade an diesem Ort von ausschlaggebender Bedeutung.

Spezifische Arzneistoff-Rezeptoren sind in der Regel jeweils nicht nur an einer Stelle im Organismus lokalisiert, sondern meist über ihn breit verstreut. Deshalb hat man zusätzlich den Begriff der Biophase geprägt. Sie faßt die Gesamtheit der Stellen im Organismus zusammen, an denen sich ein bestimmter Rezeptor befindet. So kann man beispielsweise das Nervensystem als die Biophase für Analgetika bezeichnen, obwohl je nach Indikation der Wirkort des zur Diskussion stehenden Arzneistoffs das Gehirn (Opiate), oder etwa ein Zahnnerv (Lokalanästhetika) sein kann.

2.11. Elimination und Ausscheidung

Unter Elimination versteht man die Konzentrationsabnahme des Arzneistoffs im Organismus. Sie setzt sich zusammen aus der Elimination durch Biotransformation und der durch Ausscheidung. Letztere bedeutet Verlassen des Körpers mit Harn, Fäkalien, Schweiß, Milch, evtl. Atemluft.

$$el^{gl} = el^{met} + el^{ren} + el^{bil} + \ldots$$

wobei el für Elimination, gl für global, ren für renal, bil für biliär, met für metabolisch steht.

In der Pharmakokinetik kann die Elimination als einheitlicher Parameter oder unterteilt in Biotransformation und Ausscheidung in die Berechnungen eingehen.

Neben der Biotransformation (Metabolisierung) kommt der renalen Elimination bei der Entfernung von Arzneistoffen aus dem Organismus die größte Bedeutung zu. So beeinflussen pathologische Nierenveränderungen oder Veränderungen der Nieren-Durchblutung nicht nur die Ausscheidung körpereigener Stoffwechselprodukte (wie Creatinin, Harnstoff, Salze etc.) sondern ebenso die renale Elimination von Arzneistoffen und ihren Metaboliten.

Die renale Elimination eines Arzneistoffs geschieht nur z. T. durch Diffusion (Abb. 2.3.). Zuerst wird das Blut im Glomerulus ultra-filtriert, wo Stoffe bis zu einem Molekulargewicht von etwa 70000 die Poren der Glomeruluskapillaren passieren, Serumproteine mitsamt den an sie gebundenen Arzneistoffen jedoch zurückgehalten werden. Deshalb finden sich im Glomerulusfiltrat (neben vielen physiologischen Substanzen) der nicht-eiweißgebundene Teil der Arzneistoffe und ihrer Metabolite. In diesem „Primärharn", dessen Zusammensetzung etwa der des eiweißfreien Blutplasmas entspricht, ist somit die Arzneistoffkonzentration dieselbe wie im Plasmawasser des in die afferente Arteriole einströmenden Blutes.

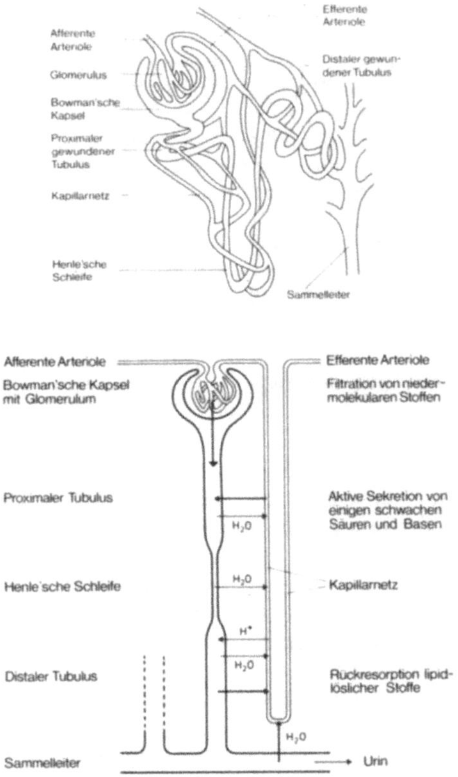

Abb. 2.3.: Schematische (a) und grobschematische (b) Darstellung einer Nephroneinheit der menschlichen Niere mit den wichtigsten Prozessen der renalen Elimination von Arzneistoffen.

a: aus *Doluisio, J. T.* und *Swintosky, J. V.*, Am. J. Pharm. **137,** 144–168 (1965). b: modifiziert nach *R. Hammer* et al. in „Arzneimittelentwicklung", Herausg. *E. Kutter,* Thieme-Verlag 1978, S. 39.

Unter Normalbedingungen fließen durch die etwa 2 Millionen Glomeruli der menschlichen Niere pro Minute 1300 ml Blut. Dabei treten 130 ml Plasmawasser in den Tubulus über, also etwa $^1/_{10}$ des Blutvolumens, und mit ihm die in diesem Volumanteil frei gelöste Arzneistoffmenge. In den proximalen Tubulus erfolgt zusätzlich aus der efferenten Arteriole eine aktive Excretion schwacher Säuren, wie z. B. Penicilline, Sulfonamide, Salicylate, para-Aminohippursäure (PAH) und schwacher Basen. In der Henle'schen Schleife und im distalen Tubulus werden dann insgesamt etwa 99% des im Glomerulus filtrierten Wasser wieder ins Blut rückresorbiert. Dies ist ein energieverbrauchender Vorgang, bei dem die im Glomerulusfiltrat gelösten Stoffe somit auf etwa das 100-fache konzentriert werden bzw. würden. Die Trennwand zwischen dem Lumen des Tubulus und der (efferenten) Arteriole ist aber ebenfalls eine Membran-Barriere, und so *diffundieren* die durch den Entzug von Wasser stark konzentrierten Substanzen nach den oben genannten physikalischen Gesetzen (Kapitel 2.9.) ins Blut zurück. Bevorzugt transferiert werden auch hier lipophile Stoffe, während die hydrophilen im Harn verbleiben und mit diesem über die Blase irreversibel den Körper verlassen, d. h. ausgeschieden werden.

2.12. Ausscheidungsbilanz

Für die Sicherheit eines Arzneimittels ist es von ausschlaggebender Bedeutung, ob der Arzneistoff (bzw. die Arzneistoffe) nach erfolgter Applikation quantitativ wieder ausgeschieden wird, u. z. in der Summe aus unverändertem Wirkstoff und Metaboliten. Entspricht innerhalb eines überschaubaren Zeitraums die ausgeschiedene Menge nicht der gegebenen Dosis, so kann es bei wiederholter Applikation oder gar Dauermedikation zu gefährlichen Kumulationen der Wirksubstanz oder eines ihrer Metaboliten kommen.

Das Verhältnis von ausgeschiedener Menge zur applizierten Dosis nennt man Ausscheidungsbilanz. Sie kann nicht über Blutspiegelmessungen ermittelt werden. Vielmehr müssen quantitative Bestimmungen in Harn und Faekalien durchgeführt werden, meist über mehrere Tage.

2.13. Arzneistoff-Clearance

Die wichtigsten Eliminationswege eines Arzneistoffs sind die Ausscheidung mit dem Harn, die Ausscheidung mit der Galle und die Biotransformation zu Metaboliten. In der Praxis kann es wichtig sein zu wissen, in welchem Maß jeder dieser drei Wege an der Elimination beteiligt ist. Das läßt sich weder allein aus den Blutspiegeln noch allein aus Konzentrations-Messungen in den Ausscheidungen genau erkennen. Erst die gleichzeitige Messung der Arzneistoff-Konzentrationen im Blut und in der Ausscheidungsflüssigkeit eröffnet den Einblick in die Eliminations-Kapazität des betreffenden Organs.

In Analogie zur Pathophysiologie der Ausscheidungsorgane wird auch in der Pharmakokinetik die Eliminationskapazität eines Organs als Clearance bezeichnet. Sie ist bei normalen gesunden Probanden für jeden Arzneistoff eine spezifische Konstante.

Die Clearance („vollständige Reinigung") ist ein Maß für denjenigen Anteil des im Blut vorhandenen Arzneistoffs, der während der Passage durch das betreffende Eliminationsorgan aus dem Blut eliminiert wird, sei es durch Ausscheidung (renale Clearance, biliäre Clearance) oder durch Biotransformation (hepatische Clearance).

Die Clearance wird jedoch nicht in Prozent eliminierter Anteile des im Blut vorhandenen Arzneistoffs angegeben. Besser bewährt hat sich die auch in der Pathophysiologie gebräuchliche Angabe in ml/min. Man kennt nämlich die Blutmenge, die normalerweise pro Minute das jeweilige Organ passiert. Bei der Niere sind es etwa 1300 ml Blut bzw. 700 ml Plasma. Tritt auf dem Weg des Blutes durch die Niere der gesamte in diesen 700 ml Plasma vorhandene Arzneistoff in den Harn über, dann werden in 1 Minute 700 ml Plasma von ihm „gereinigt", die Clearance beträgt 700 ml/min. Verliert das Blut während der Nierenpassage z. B. nur 1/7 des im Plasma vorhandenen Arzneistoffs, so entspricht das einem Siebentel von 700 ml. Damit sind 100 ml Plasma von ihm „vollständig gereinigt", die Arzneistoff-Clearance beträgt 100 ml/min.

In der Pathophysiologie werden Nierenfunktionsprüfungen durch Messung der Clearance von Creatinin, Inulin oder p-Aminohippursäure (PAH) durchgeführt. Unter Normalbedingungen ist die Creatinin-Clearance etwa 100 ml/min, die von Inulin etwa 120 ml/min und die von PAH etwa 700 ml/min.

Durch Vergleich der renalen Clearance eines Arzneistoffs mit der von Creatinin, Inulin oder PAH kann auf seine „Nierengängigkeit" geschlossen werden.

So ist die renale Clearance von Arzneistoffen wie die von Creatinin, Inulin und PAH bei nierenkranken Patienten oft erheblich eingeschränkt. Es besteht eine direkte Proportionalität zwischen Arzneistoff- und Creatinin-(Inulin-, PAH-) Clearance.

Gemessen wird die renale Clearance durch gleichzeitige Bestimmung der *Konzentration* c_p im Plasma und der pro Minute mit dem Harn ausgeschiedenen *Menge M* des Arzneistoffs. Die renale Clearance Cl_{Arz}^{ren} errechnet sich daraus nach

$$Cl_{Arz}^{ren} = \frac{M}{c_p} \text{ [ml/min]}$$

Die biliäre Clearance und die hepatische Clearance unterscheiden sich von der renalen Clearance nicht grundsätzlich. Sie sind aber nur unter erschwerten Bedingungen bestimmbar.

Die Clearance eines Arzneistoffs steht immer in direktem mathematischen Zusammenhang mit der Geschwindigkeit seiner Elimination.

2.14. Enterohepatischer Kreislauf

Wird ein Arzneistoff ganz oder teilweise mit der Galle ausgeschieden, dann kann er aus dem Darm rückresorbiert werden, worauf er via Pfortader und Leber wieder in die Galle gelangt. Es ergibt sich ein Kreislauf, der die an sich funktionierende Elimination des Arzneistoffs verzögert. Dieser als Enterohepatischer Kreislauf bekannte pharmakokinetische Parameter ist bei der Beurteilung von Kompartment-Modellen prinzipiell zu berücksichtigen.

2.15. Biotransformation (Metabolismus)

Pharmakokinetisch ist die Biotransformation eines Arzneistoffs ein Teilprozeß seiner Elimination. Hauptsächlich in der Leber, aber auch in anderen Organen und in Geweben sowie im Blut befinden sich eine Reihe von substrat-unspezifischen Enzymen, die auf mannigfache Weise Fremdstoffe um- und abzubauen vermögen. Die daraus resultierenden Produkte nennt man Metabolite. Eine Gruppe dieser Enzyme bewirkt Oxidationen oder Reduktionen, eine zweite spaltet Ester- und Amidbindungen durch Hydrolyse, eine dritte schließlich konjugiert Fremdstoffe und/oder ihre Metabolite mit körpereigenen Stoffwechselprodukten, wie Glucuronsäure, Schwefelsäure, Glycin, Essigsäure u. v. m.

Der „biologische Sinn“ der Biotransformation liegt in einer Entgiftung jedes beliebigen in den Organismus aufgenommenen oder eingedrungenen Fremdstoffs. Fast immer wird dies durch Erhöhung der Hydrophilie erreicht. Für einen Arzneistoff bedeutet eine solche chemisch-enzymatische Veränderung meist den Verlust seiner pharmakologischen Wirksamkeit. Es sind aber zahlreiche Beispiele bekannt, wo die Wirksamkeit nicht schon beim ersten Schritt der Umwandlung verloren geht. Dort entstehen als Zwischenprodukte der metabolischen Inaktivierung Produkte mit eigener biologischer Wirksamkeit.

Zwischen einer vollständigen Biotransformation ohne Ausscheidung des unveränderten Arzneistoffs und der Ausscheidung eines Arzneistoffs ohne vorangegangene Metabolisierung gibt es fast alle denkbaren Übergänge. Das Verhältnis metabolische/nichtmetaboliche Clearance wird von der chemischen Struktur des betreffenden Arzneistoffs bestimmt.

Die Biotransformation wird in Kapitel 4 ausführlich behandelt.

2.16. First Pass Effekt (präsystemische Transformation)

Enteral resorbierte Substanzen gelangen via Pfortader zunächst in die Leber und erst nach deren Passage in den großen Kreislauf. Damit sind sie der biliären und vor allem der hepatischen (metabolischen) Clearance ausgesetzt noch ehe sie im Organismus wirksam werden können. Auf diese Weise kann bei enteraler Resorption ein mehr oder weniger großer Teil der Wirksubstanz frühzeitig durch Elimination verloren gehen. Das Ausmaß dieses Verlustes richtet sich nach der Geschwindigkeit, mit der der betreffende Arzneistoff in der Leber metabolisiert wird.

Diese spezielle Art der hepatischen Clearance, die sozusagen im Kurzschluß mit der enteralen Resorption abläuft, hat die Bezeichnung FIRST PASS EFFECT erhalten (der gelegentlich im Deutschen verwendete Terminus „präsystemische Transformation“ ist weniger einprägsam). Er kann erhebliche Unterschiede in den Dosis/Wirkungs-Relationen nach enteraler und parenteraler Applikation bewirken.

2.17. Durchblutung und Blut-Minuten-Volumen

Von allgemeiner Bedeutung für pharmakokinetische Prozesse ist das Blut-Minuten-Volumen, ein Maß für die Durchblutung von Geweben und Organen. In der Leber beispielsweise werden Arzneistoffe am endoplasmatischen Retikulum, dem Ort einer Reihe von Enzymen der Biotransformation, metabolisiert (siehe Kapitel 4). Da bei den in der Therapie üblichen Arzneistoff-Dosierungen dieses Enzymsystem nicht ausgelastet (enzymkinetisch: nicht gesättigt) wird, ist der Umsatz proportional der pro Zeiteinheit angelieferten Arzneistoffmenge. Mithin beeinflußt das Blut-Minuten-Volumen in der Leber die durch Metabolisierung bedingte Eliminationsgeschwindigkeit eines Arzneistoffs. Auch seine renale Clearance ist natürlich vom Volumen des Blutes abhängig, das pro Zeiteinheit durch die Arteriolen strömt. Das findet auch seinen Niederschlag in der Dimension des Begriffs „Clearance“ (ml/min).

2.18. Blut- (Serum-, Plasma-)spiegel

Die Konzentration eines Arzneistoffs im zentralen Kompartiment wird als Blut-, Serum- oder Plasmaspiegel bezeichnet, je nachdem welche Proben gemessen wurden. Als Meßgrößen sind µg/ml oder ng/ml üblich. Der Vorschlag, statt dessen nMol/ml zu verwenden, hat sich nicht durchgesetzt, da die applizierten Dosen in mg und µg, nicht jedoch in mMol oder µMol angegeben werden. Konzentrationsangaben von Metaboliten eines Arzneistoffs im Blut müssen in µg- bzw. ng-Arzneistoff-Äquivalenten in die Rechnungen eingesetzt werden.

Nach intravenöser Applikation nimmt der Blutspiegel infolge Elimination mehr oder weniger rasch ab. Bei einer anderen als i. v.-Applikation steigt er während der Resorptionsphase erst an, dann fällt er in der Eliminationsphase wieder ab. Es ergibt sich ein Blutspiegelmaximum bei der Zeit t_{max}, wenn t_0 den Zeitpunkt der Applikation markiert.

2.19. Proteinbindung

Wie überall im Körper werden Arzneistoffe auch von Serumproteinen mehr oder weniger stark gebunden. Da es sich hierbei ausschließlich um adsorptive Bindungen handelt, steht immer ein gebundener Anteil mit einem nicht-gebundenen (also frei in Lösung befindlichen) Anteil des Arzneistoffs im Gleichgewicht. Die frei gelösten wie die proteingebundenen Arzneistoffmoleküle werden mit dem Blutstrom transportiert, doch nur die in freier Lösung befindlichen können das Blut verlassen, sei es, um durch die Gefäßwand zu den Gewebs- oder Organzellen zu diffundieren, sei es um in Niere, Leber etc. der Elimination zu unterliegen.

Bei der (reversiblen) Bindung von Arzneistoffen an Serumproteine ist zwischen Bindungsaffinität und Bindungskapazität zu unterscheiden. Erstere gibt an, wie stark der Arzneistoff an das Protein gebunden wird, d. h. wie das Verhältnis von Assoziation zu Dissoziation ist. Die Affinität wird durch die Affinitätskonstante beschrieben, die sich aus dem Massenwirkungsgesetz ableitet:

$$A + P \underset{k_2}{\overset{k_1}{\rightleftharpoons}} AP$$

$$\frac{k_1}{k_2} = K_A = \frac{AP}{A \cdot P}; \quad K_D = \frac{k_2}{k_1}$$

wobei A die Konzentration des Arzneistoffs, P die des Bindungsproteins, k_1 und k_2 die Geschwindigkeitskonstanten der *A*ssoziation und *D*issoziation seien.

Als Bindungskapazität hingegen bezeichnet man die Maximalmenge eines Arzneistoffs, die von einer bestimmten Menge Serumprotein im Gleichgewicht gebunden werden kann. Sie ist grundsätzlich unabhängig von der Affinität. Bedeutung bekommt die Bindungskapazität bei Applikation hoher Arzneistoff-Dosen, wenn P nicht mehr ausreicht, um alles ins Blut gelangende A gemäß K_A zu binden. Es tritt dann eine scheinbare Erniedrigung von K_A ein; der Anteil freigelösten Arzneistoffs im Blut steigt unproportional an und es kommt zu einer unerwarteten Verstärkung der pharmakologischen Wirkung.

Die meisten Arzneistoffe werden im Blut vom Albumin gebunden und können sich dort sogar gegenseitig verdrängen. Aber auch andere Plasmaproteine haben für einzelne Arzneistoffe Bindungsaffinitäten mit entsprechend abweichenden Bindungskonstanten.

Die Bindung eines Arzneistoffs an Serumproteine hat doppelte pharmakokinetische Konsequenz. Einerseits erhöht sie (besonders bei stark lipophilen Substanzen) die „Löslichkeit" in der Serumflüssigkeit und trägt auf diese Weise zur Höhe des Blutspiegels bei. Andererseits ist nach unserem heutigen Wissen nur der frei gelöste Anteil als wirksam und als eliminationsfähig anzusprechen, weil nur er durch die Membranen diffundieren kann. Man unterscheidet in der Pharmakokinetik daher zwischen der Total-Konzentration im Blut (bzw. Serum) und der Konzentration des nicht-protein-gebundenen Anteils des Arzneistoffs. Zwischen beiden besteht ein dynamisches Gleichgewicht. Bei Entnahme aus dem Pool des nicht-gebundenen Anteils stellt sich das Gleichgewicht meist sehr rasch wieder ein.

2.20. Prinzip der korrespondierenden Flächen

Bei ein und demselben Arzneistoff können nach erfolgter Applikation der gleichen Dosis je nach Applikationsform und Appli-

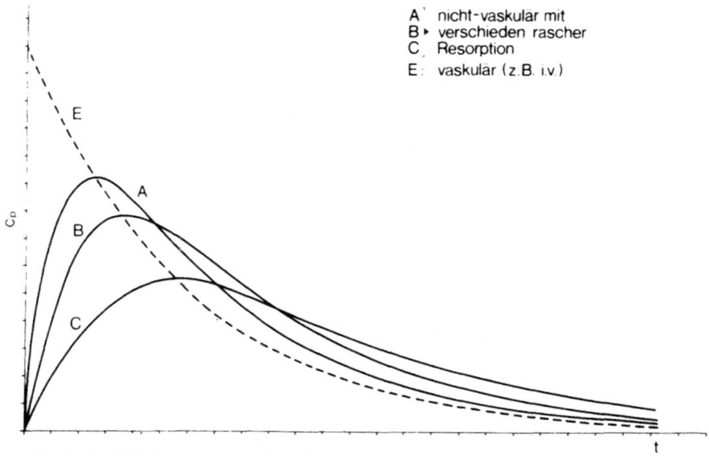

Abb. 2.4.: Flächen unter den Konzentrationskurven (AUC) nach nichtvaskulärer Applikation mit vollständiger Resorption im Vergleich zur i. v.-Applikation derselben Dosis.

kationsart (i. v., i. m., p. o.) verschiedenste Blutspiegelkurven resultieren. Das „Prinzip der korrespondierenden Flächen" sagt aus, daß bei numerischer Darstellung die Flächen unter den Konzentrationskurven (AUC, *a*rea *u*nder the concentration *c*urve) ein direktes Maß für die Resorptionsquote sind. Bei intravenöser Applikation ist die „Resorption" gleich 100% zu setzen. Die AUC nach beliebig anderer Applikation derselben Dosis liefert im Vergleich zur AUC nach i. v.-Gabe das prozentuale Ausmaß der Resorption (Abb. 2.4.).

Die AUC haben besondere Bedeutung bei Messungen der Bioverfügbarkeit.

2.21. Halbwertszeit

Durch Elimination sinkt im Körper und damit im zentralen Kompartiment die Konzentration des Arzneistoffs. Die Geschwindigkeit dieses Abfalls wird als Halbwertszeit ($t^1/_2$) gemessen. Sie ist diejenige Zeitdauer, nach welcher eine Konzentration auf jeweils die Hälfte abgesunken ist. Liegen Verteilungsverhältnisse eines Multi-Kompartment-Systems vor, so kann ein Arzneistoff zwei oder mehrere $t^1/_2$ aufweisen. Sie sind im zeitlichen Nacheinander aus dem Blutspiegelverlauf zu erkennen. Man spricht dann von einem α-, β- etc. slope, wobei α- für die Anfangs-, β- etc. für die späteren $t^1/_2$ stehen. Vom α-slope zu unterscheiden ist der initiale Blutspiegelabfall nach i. v.-Applikation, der die Dauer der Verteilung über das zentrale Kompartiment anzeigt.

Zur graphischen Ermittlung von $t^1/_2$ wird der halblogarithmische Maßstab gewählt. Man erhält Geraden und kann damit die einzelnen Phasen besser unterscheiden.

2.22. Pharmakokinetische Konstanten (System- und Mikrokonstanten)

Ein Hauptanliegen der Pharmakokinetik ist die mathematische Beschreibung der zeitlichen Konzentrationsveränderungen eines Arzneistoffs im Organismus. Als Meßgrößen dienen in der Regel Plasma-(Blut-)spiegel und/oder – mit Einschränkung – die Ausscheidung mit dem Harn. Im Tierversuch kommt noch die Möglichkeit der Messung von Konzentrationen in Geweben, Organen und Gallenflüssigkeit hinzu. Die zeitliche Aneinanderreihung solcher Meßwerte resultiert in einer Kurve, die im Normalfall durch eine logarithmische Funktion mit den Variablen ZEIT und KONZENTRATION (bzw. MENGE) beschrieben werden kann. In ihr ist die Abhängigkeit der Konzentration (bzw. Menge) von der Zeit durch Konstanten festgelegt. Es sind dies die für den betreffenden Arzneistoff charakteristischen Halbwertszeiten (bzw. die sich daraus ergebenden Eliminationskonstanten k_e, α, β, γ etc. und die Invasionskonstante a) sowie das Verteilungsvolumen. Sie werden als *System-Konstanten* bezeichnet, da sie die Resultanten vieler Einzelvorgänge des Gesamtsystems aus Resorption, Verteilung und Elimination sind.

Bei vielen Arzneistoffen laufen einzelne Verteilungsprozesse im Organismus langsamer ab als die Elimination. Das manifestiert sich in einem mehrphasischen Verlauf des Eliminations-Plasmaspiegels. Die dem zugrunde liegenden Teilprozesse lassen sich oft mithilfe eines Kompartment-Modells mathematisch erfassen. Man erhält (fiktive) Geschwindigkeitskonstanten (k_1, k_2, k_3 etc.) dieser Teilprozesse. Sie werden als *Mikrokonstanten* bezeichnet.

Häufig sind mehrphasische pharmakokinetische Prozesse allein mithilfe der System-Konstanten nur näherungsweise beschreibbar. Eine exakte Aussage wird dann erst durch Einbeziehung der Mikrokonstanten in die Rechnung möglich (vergl. Abb. 5.10.).

2.23. Dosis-Linearitäts-Bereich und Systemsättigung

Im Normalfall einer Pharmakotherapie laufen die Prozesse der Resorption, Verteilung, Biotransformation und Ausscheidung als Reaktionen 1. Ordnung ab und sind gemäß den Geschwindigkeitskonstanten in weiten Grenzen unabhängig von der applizierten Dosis. Das bedingt eine Dosis-Linearität der Plasma- und Gewebespiegelmaxima sowie der Flächen unter den Plasmaspiegeln (AUC, Kapitel 2.20.), und auch die Serumproteinbindung zeigt über den ganzen Dosisbereich einen konstanten Prozentwert (% gebunden von Gesamtkonzentration).

Sowohl die enzymatischen Prozesse der Biotransformation wie auch die der Diffusion und des aktiven Transports haben jedoch nur begrenzte Kapazitäten. Bei höheren Dosen (und damit höheren Konzentrationen des Arzneistoffs am Ort des betreffenden Transfers) kann es zur Sättigung einzelner Prozesse kommen. Von diesem Dosis- bzw. Konzentrationsbereich aufwärts ist dann die Geschwindigkeit des Stoffumsatzes nicht mehr von der Menge (bzw. Konzentration) des Arzneistoffs, sondern von der vorgegebenen - und damit konstanten - Größe der jeweiligen Membran bzw. der Aktivität des geschwindigkeitsbestimmenden Enzyms abhängig. Das System ist dann „gesättigt", was besagt, daß die pharmakokinetischen Prozesse nicht mehr nach den Gesetzen von Reaktionen 1. Ordnung ablaufen, sondern nach denen der nullten Ordnung, bezogen auf die Konzentration des Arzneistoffs. Erst wenn im Zuge der Elimination die Arzneistoffmenge (bzw. -konzentration) im Organismus wieder unter diesen Sättigungswert abgefallen ist, gehorcht die weitere Elimination den Gesetzen der 1. Ordnung (Abb. 2.5.).

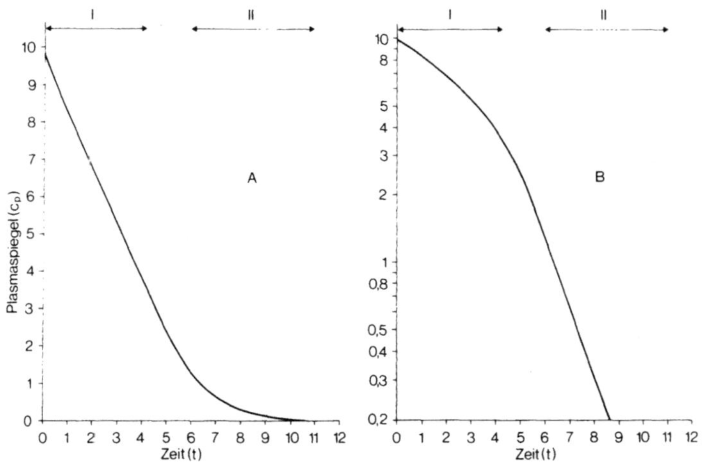

Abb. 2.5.: Erkennung von Systemsättigung (I) und Linearitätsbereich (II) durch graphische Darstellung des Plasmaspiegelverlaufs nach Applikation einer hohen Dosis des Arzneistoffs.
A) numerischer, B) halblogarithmischer Maßstab.

Die Kenntnis der Grenzkonzentration, oberhalb derer die Pharmakokinetik eines Arzneistoffs nicht mehr im Linearitäts-Bereich liegt, ist für Mehrfachapplikationen hoher Dosen von besonderem Interesse. Dort stimmen Dosierungspläne, die über Blutspiegelmessungen nach Einmaldosis berechnet wurden (Kapitel 3.4.) nicht mehr, und es kann zu unkontrollierten Kumulationen kommen.

2.24. Das pharmakokinetische Modell

Die mathematische Beurteilung von Konzentrationsabläufen eines Arzneistoffs im Organismus gelingt am besten mit Hilfe von Modellvorstellungen, durch welche die Vorgänge der Resorption, Verteilung und Elimination von Arzneistoffen physikalisch simuliert werden. Im Gegensatz zu den biologischen Prozessen im Körper sind nämlich Abläufe in physikalischen Modellen ohne weiteres mathematisch beschreibbar.

Pharmakokinetische Modelle sind somit Denkhilfen, mit denen das biologische Geschehen in die mathematische Form übersetzt wird. Umgekehrt stellen die Parameter der mathematischen Darstellung stets einen oder mehrere biologische Vorgänge dar. Das Modell wird so zum Bindeglied zwischen der biologischen Realität und der sie beschreibenden Mathematik. Arzneistoffe können sich pharmakokinetisch recht unterschiedlich verhalten. Man mußte daher für die mathematische Behandlung ihrer Kinetik eine ganze Anzahl verschiedener Modelle ersinnen. Im Einzelfall hat man herauszufinden, welches von ihnen der jeweils gegebenen biologischen Realität am nächsten kommt. Lassen sich die Daten aus pharmakokinetischen Messungen eines bestimmten Arzneistoffs mit der mathematischen Formulierung eines dieser Modelle in Einklang bringen, so kann man folgern, daß eben dieses Modell den Gesetzmäßigkeiten entspricht, mit denen der betreffende Arzneistoff resorbiert, verteilt, metabolisiert und ausgeschieden wird. Mit Hilfe des Modells und seiner mathematischen Beschreibung können dann nicht-gemessene oder nicht-meßbare pharmakokinetische Daten durch Interpolation rechnerisch ermittelt werden.

Die pharmakokinetischen Modelle ergeben sich aus der fiktiven Aufteilung des Organismus in Kompartimente (Kapitel 2.8.). Der Arzneistofftransfer zwischen diesen Kompartimenten kann nämlich leicht zeichnerisch dargestellt werden (Abb. 2.6.).

Für ein Kompartiment steht ein quadratisches Kästchen, für den Fluß des Arzneistoffs ein Pfeil, für den Zustand des dyna-

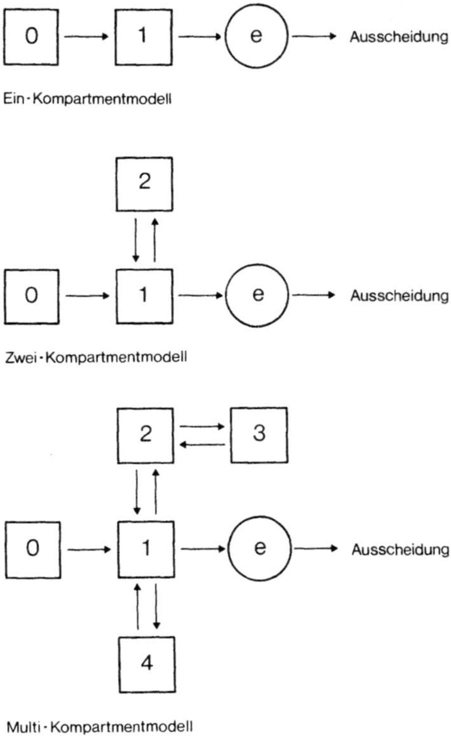

Abb. 2.6.: Ein-, Zwei- und Multi-Kompartmentmodell. 0: Eingangskompartiment, 1: Zentrales Kompartiment, 2, 3 und 4: periphere Kompartimente, e: offenes End- (Eliminations-)Kompartiment.

mischen Gleichgewichts ein Doppelpfeil. Der Applikationsvorgang wird in Gestalt eines Blitzes gekennzeichnet, was der extrem kurzen Zeitdauer, die sie in Anspruch nimmt, Rechnung tragen soll. Die Nummerierung von mehreren Kompartimenten erfolgt durch Ziffern, wobei der Magendarmtrakt die Ziffer Null hat. Damit soll demonstriert werden, daß der Intestinaltrakt nur als sog. Eingangs-Kompartiment fungiert. Das Ausscheidungskompartiment wird nicht eigens bezeichnet oder trägt den Buchstaben e für End- oder Eliminations-Kompartiment.

3. Pharmakokinetik in der therapeutischen Praxis

3.1. Bedeutung der Pharmakokinetik für die Pharmakotherapie

Die Pharmakokinetik beschreibt den zeitlichen Verlauf von Arneistoffkonzentrationen im Organismus. Setzt man die durch Messung ermittelten Konzentrationen auf geeignete Weise zueinander in Beziehung, so erkennt man, daß ihre zeitlichen Verläufe einfachen mathematischen Gesetzmäßigkeiten gehorchen. Dadurch werden aus wenigen Meßdaten Voraussagen auf den Konzentrationsverlauf bei wiederholter oder kontinuierlicher Applikation möglich.

Die den Konzentrationsverläufen (z. B. Blutspiegel oder Konzentrationen im Harn) zugrundliegenden mathematischen Funktionen sind allgemeiner Art und auf alle Arzneistoffe anwendbar. Die Verläufe selbst unterscheiden sich nur in den für jeden Arzneistoff charakteristischen pharmakokinetischen Konstanten. Sie zu ermitteln ist Aufgabe des Pharmakokinetikers. Mit ihnen lassen sich dann für den betreffenden Arzneistoff optimale Dosierungsschemata errechnen. Bei bestimmten Krankheitsbildern jedoch können diese Konstanten erheblich verändert sein, wie z. B. bei Niereninsuffizienz. Wird das nicht beachtet, besteht bei wiederholter Applikation die Gefahr einer Arzneimittelintoxikation infolge unkontrollierter Kumulation, oder das Medikament ist ohne Wirkung, weil es rascher als normal eliminiert wird. Unter Berücksichtigung pathophysiologischer Parameter, wie z. B. veränderter renaler Clearance, kann man auch hier mit Hilfe der pharmakokinetischen Konstanten die für die Therapie optimalen Dosierungen berechnen. Dazu ist im speziellen Fall der Arzt selbst in der Lage, indem er die pathophysiologischen Daten des Patienten und die pharmakokinetischen Konstanten des betreffenden Arzneistoffs in die entsprechende mathematische Gleichung einsetzt.

Eine weitere Anwendung findet die Pharmakokinetik durch Vergleichsmöglichkeiten der Bioverfügbarkeit unterschiedlicher pharmazeutischer Formulierungen eines Arzneistoffs. Aus Blutspiegelverläufen lassen sich nämlich exakte Aussagen über die therapeutische Äquivalenz verschiedener Präparate machen, wodurch langwierige Prüfungen auf pharmakologische Wirksamkeit vermieden werden.

Auch individuelle Unterschiede in der Wirkung eines Arzneistoffs können oft über wenige pharmakokinetische Meßdaten erklärt und durch eine entsprechende Abänderung der Dosierung kompensiert werden.

3.2. Meßmethoden in der Pharmakokinetik

In den folgenden Kapiteln zur Pharmakokinetik ist ausschließlich von Konzentrationen (oder Mengen) des jeweiligen Arzneistoffs im Körper oder in den Ausscheidungen die Rede. Eine zentrale Rolle spielt dabei die globale Eliminationsgeschwindigkeit und die daraus abgeleiteten Konstanten k_e^{gl} und $t^1/_2$, wobei k_e^{gl} (kurz k_e) stets die Summe aus der Elimination durch Ausscheidung und Biotransformation darstellt. Letztere ist die enzymatische Umwandlung der applizierten Substanz in Metabolite, die in ihrer chemischen Struktur dem ursprünglichen Arzneistoff mehr oder weniger ähnlich sind (siehe Kapitel 4). Diese Metaboliten zirkulieren dann gemeinsam mit dem unveränderten Arzneistoff im Körper, werden aber mit einer ihnen eigenen Kinetik verteilt und eliminiert.

Will man die Kinetik des verabreichten Arzneistoffs isoliert betrachten, dann muß auch seine Bestimmungsmethode so angelegt sein, daß nur er gemessen wird, nicht aber zusätzlich ein oder mehrere seiner auch noch so ähnlichen Metaboliten. Bei etlichen Arzneistoffen entstehen jedoch durch die Biotransformation Metaboliten, die selbst eine pharmakologische Wirkung oder toxische Nebenwirkung haben. Dann ist der Konzentrationsverlauf dieser erst im Organismus entstehenden Umwandlungsprodukte zusätzlich von pharmakokinetischem Interesse (siehe Kapitel 4.7.). Als Beispiel seien hier nur genannt die Biotransformation von Phenacetin zu Paracetamol, von Acetylsalicylsäure zu Salicylsäure, von Diazepam und anderer Benzodiazepine zu Oxazepam.

Die Forderung nach spezifischen und zudem (besonders bei niedrig zu dosierenden Arzneistoffen) hochempfindlichen Bestimmungsmethoden war in zahllosen frühen Arbeiten zur Pharmakokinetik nicht erfüllt. Die Konzentrationen im Plasma und die Mengen in Harn und Galleflüssigkeit wurden mit oft sehr unspezifischen Farbreaktionen oder unter Zuhilfenahme der UV-Absorption bzw. Fluoreszenz bestimmt. Später, in der Übergangsphase von dieser „klassischen" zur modernen Pharmakokinetik sind dann pharmakokinetische Prozesse häufig durch die „Gesamtradioaktivität" nach Applikation des eigens dafür radiomarkierten Pharmakons gemessen worden. Diese äußerst empfindliche Methode war sehr leicht zu handhaben und zeichnete sich obendrein durch extreme Genauigkeit aus. Sie erfaßte aber nur die Summe aus Pharmakon *und* allen seinen Metaboliten, wirksamen wie unwirksamen. Globale Eliminationskonstanten und sonstige Parameter, die auf diese Weise ermittelt wurden, waren für die Aufstellung von Dosierungsplänen unbrauchbar, es sei denn der betreffende Arzneistoff wird im menschlichen Organismus nur so unwesentlich metabolisiert, daß die gemessene Radioaktivität tatsächlich die Konzentration an unverändertem Arzneistoff anzeigte.

Die Radiomarkierung eines Pharmakons bietet natürlich dennoch die Möglichkeit, die oben genannten Forderungen zur Spezifität zu erfüllen. Zu diesem Zweck trennt man die biologische Probe direkt oder in Form eines geeigneten Extrakts chromatographisch auf und mißt erst anschließend in den getrennten Fraktionen die Radioaktivität. Dieses Verfahren liefert neben der exakten Kinetik des Arzneistoffs die Meßdaten für eine „Metaboliten-Kinetik" (Kapitel 4.7.), was einen nicht zu überschätzenden Vorteil darstellt.

Ein spezielles methodisches Problem in der Pharmakokinetik ist die Ausscheidungsbilanz. Besonders für die repetitive und kontinuierliche Applikation ist es wichtig zu wissen, ob und in welcher Zeit ein Arzneistoff mitsamt seinen Metaboliten den Körper wieder vollständig verlassen hat. Bleiben nämlich Rückstände, so werden diese allmählich kumulieren, und selbst wenig toxische Produkte können auf diese Weise schließlich für den Körper schädliche Konzentrationen erreichen. Solche Anreicherungen in einem sog. VERY DEEP COMPARTMENT führen zu Ablagerungen, die den Arzneistoff auch nach Absetzen der Medikation noch über lange Zeit im Organismus festhalten. Ist die Eliminationsgeschwindigkeit aus einem solchen Very Deep Compartment extrem niedrig (wie z. B. bei covalenter Bindung des Arzneistoffs an ein Strukturprotein), so wird die Anreicherung durch die Messung der Plasmaspiegel des Arzneistoffs meist nicht erkannt. Auch die quantitative Messung der Ausscheidung im Urin führt oft nicht zum Ziel, entweder wegen der Unvollkommenheit der Meßmethoden (erforderlich: Messung von Arzneistoff plus alle seine Metaboliten!) oder weil noch andere Ausscheidungswege beteiligt sind (Galle, Fäkalien).

Exakte Bilanz-Untersuchungen zur Wiederfindung der applizierten Arzneistoff-Menge sind nur unter Verwendung radiomarkierter Pharmaka möglich. Ein markierter Arzneistoff ist in jedem biologischen Material quantitativ nachweisbar u. z. bis zu Mengen, die sonst weit unter der Nachweisgrenze liegen. Darüber hinaus ist, weil die Begleitmaterialien biologischen Ursprungs nicht radioaktiv sind, der Marker Radioaktivität absolut spezifisch für den in den Organismus eingebrachten Arzneistoff und dessen Abbauprodukte.

Für Bilanz-Untersuchungen muß die Radiomarkierung an einer Stelle des Arzneistoffmoleküls vorgenommen sein, die nach allen Kenntnissen über die Biotransformation von Xenobiotika (siehe Kapitel 4.) keiner metabolischen Abspaltung unterliegt. Anderenfalls wird der abgespaltene radioaktive Molekülrest (z. B. Acetat, Alkyl u. a. m.) entweder in den Intermediärstoffwechsel eingeschleust oder als „Metabolit" gemessen, obwohl er es im Sinne der Pharmakokinetik gar nicht ist.

Aus Gründen der Sicherheit vor Strahlenschäden durch inkorporiertes radioaktives Material wird man bei Bilanzuntersuchungen in der Humanpharmakologie die mit dem Arzneistoff in den Körper gebrachte Radioaktivitätsmenge so niedrig wie nur möglich halten. In der Regel genügt für eine vollständige Ausscheidungsbilanz in Harn plus Kot eine Einzeldosis mit 10 bis 20 µCi ^{14}C oder ^{3}H. Werden weniger als etwa 90% der Radioaktivität wiedergefunden (10% sind als Verlust meist tolerierbar), so hat man mit einer Ablagerung des Arzneistoffs und/oder von Metaboliten im Körper zu rechnen.

In der Bundesrepublik Deutschland mußte mit Inkrafttreten der Strahlenschutzverordnung vom 13. Oktober 1976 (Rechtkraft 1. 4. 1977) die Verwendung radiomarkierter Arzneistoffe für pharmakokinetische Untersuchungen am Menschen stark eingeschränkt werden. In der Folge haben daher andere Bestimmungs-Methoden an Bedeutung gewonnen, so die kombinierte Gas-Chromatographie/Massenspektrometrie (GC/MS), die Hochdruckflüssigkeitschromatographie (HPLC) und der Radioimmun-Assay (RIA).

In der GC/MS wird die biologische Probe (bzw. ein Extrakt davon) gaschromatographisch getrennt, wobei man im Splitting-Verfahren einen Teil des Effluats durch den Detektor, den Rest durch das Massenspektrometer leitet, in welchem auf Identität des gemessenen Peaks mit dem Arzneistoff oder mit einem seiner Metaboliten geprüft wird. Eine wertvolle Variation dieses Verfahrens ist die Verwendung von Pharmaka, die etwa zur Hälfte ihrer Menge mit einem stabilen Isotop (^{13}C, ^{15}N, ^{2}H) markiert sind (keine Strahlenbelastungen!). Im Massenspektrogramm wird dann durch das Auftreten von charakteristischen Doppelbanden ($^{12}C + {}^{13}C$, $^{14}N + {}^{15}N$, $^{1}H + {}^{2}H$) die Unterscheidung der pharmakonspezifischen Fraktionen von biologischem Material (nur ^{12}C, ^{14}N bzw. ^{1}H) erleichtert.

Die HPLC ist eine Säulenchromatographie unter Verwendung von sehr feinkörnigem Trägermaterial. Mittels dünner Säulen und hoher Drucke erhält man rasche und sehr scharfe Trennungen. Die Detektion im Eluat erfolgt meist durch Messung der UV-Absorption oder gegebenenfalls der Fluoreszenz. Das Verfahren erfordert, bei recht großem apparativen Aufwand, in der Regel beträchtliche Vorarbeiten bezüglich eines geeigneten Fließmittels für die Trennung der pharmakonspezifischen Substanzen und ihre Abtrennung von störendem biologischen Material.

Im RIA nutzt man zur quantitativen Bestimmung kleinster Mengen des Arzneistoffs in den biologischen Flüssigkeiten dessen Eigenschaft, mit speziellen Antikörpern schwer lösliche Komplexe zu bilden. Bei gleichzeitig im Reaktionsgefäß vorhandener radiomarkierter Substanz wird von dieser um so weniger durch den Antikörper komplexiert, je mehr (unmarkierte) Substanz in der biologischen Probe vorhanden ist. Die Gewinnung des Antikörpers erfolgt vorher mit Hilfe eines Antigens, dessen Hapten aus dem betreffenden Arzneistoff besteht. Ein solches Antigen (in der Regel ein hochmolekulares Protein, an das der Arzneistoff in geeigneter Weise covalent gebunden ist) erzeugt, zusammen mit Freud'schem Adjuvans in Kaninchen oder Schafen injiziert, einen gegen den Arzneistoff gerichteten Antikörper, der dann aus dem Blut dieser Tiere (γ-Globulinfraktion) mit ausreichender Reinheit gewonnen werden kann. Der Radioimmun-Assay ist außerordentlich empfindlich: noch im Nanogrammbereich können mit ihm Arzneistoffe in biologischen Flüssigkeiten quantitativ bestimmt werden. Er hat indes nicht immer die zur Unterscheidung des Pharmakons von seinen gleichzeitig in der Probe anwesenden Metaboliten geforderte Spezifität. Häufig ist mit dem einen oder anderen Metaboliten besonders bei Strukturähnlichkeit eine Kreuzreaktion zu verzeichnen, die außerdem eine von der Ausgangssubstanz unterschiedliche Bindungskinetik mit dem Antikörper aufweist. In solchen Fällen haben RIA-Ergebnisse nur begrenzten Aussagewert.

Alle hier genannten modernen Meß-Verfahren zur Pharmakokinetik sind apparativ aufwendig und erfordern zu ihrer Durchführung speziell ausgebildetes Personal. Da beides nicht überall in der therapeutischen Praxis zur Verfügung steht, haben sich Spezial-Laboratorien etabliert, die für eine Reihe eingeführter Arzneistoffe solche Messungen in Auftragsarbeit durchführen. Auch die forschende Pharmaindustrie ist für derartige Untersuchungen entsprechend ausgerüstet.

3.3. Bestimmung pharmakokinetischer Konstanten

Eine der wichtigsten Aufgaben der Pharmakokinetik ist die Bereitstellung von Daten für die Berechnung von Blut- bzw. Plasmaspiegeln eines Arzneistoffs bei wiederholter (repetiver) Applikation oder bei Infusion. Diese Blut- bzw. Plasmaspiegel und die ihnen entsprechenden Arzneistoffmengen im Körper sind nicht allein von den applizierten Dosen und dem Zeitintervall zwischen den einzelnen Applikationen (oder der Geschwindigkeit der Infusion) abhängig, sondern ebenso von der Geschwindigkeit, mit der der Arzneistoff aus dem Körper eliminiert wird. Die Eliminationsgeschwindigkeit ist zwar eine für jeden Arzneistoff typische Größe, sie wird aber darüber hinaus unter Umständen von der Stoffwechselsituation des Patienten und von gleichzeitiger (oder kurz vorangegangener) Medikation mit anderen Arzneimitteln beeinflußt. Es genügt deshalb speziell bei Arzneistoffen mit geringer therapeutischer Breite nicht, ihre publizierten pharmakokinetischen Daten zu kennen. Der Arzt sollte diese vielmehr an jedem einzelnen Patienten eigens bestimmen, und gegebenenfalls Korrekturen zu den publizierten Normen vornehmen. Das erforderliche Werkzeug besteht nur aus Logarithmenpapier, Bleistift und Lineal, und als Mathematik reichen die vier Grundrechenarten aus.

Im Folgenden wird gezeigt, wie auf diese Weise die wichtigsten pharmakokinetischen Konstanten zu errechnen sind.

Ein sicheres Maß für die Geschwindigkeit der Elimination eines Arzneistoffs ist die Halbwertszeit (t½) seiner Konzentration im Plasma nach einmaliger Applikation. Die genauesten Daten hierfür erhält man nach intravenöser Injektion, aber auch die Plasmaspiegel nach per oraler oder intramuskulärer Applikation eignen sich gelegentlich zur Bestimmung der Eliminationsgeschwindigkeit.

Die Meßdaten der Plasmaspiegelbestimmungen trägt man in Abhängigkeit von der Zeit graphisch in Millimeterpapier ein. Aus der resultierenden Kurve kann man die Halbwertszeit direkt ablesen (Abb. 3.1., I). Im einfachsten Fall ist diese über den gesamten Zeitraum der Elimination konstant. Sie kann sich aber auch im Laufe des Kurvenabfalls ein- oder mehreremale ändern. Dann überlagern sich zwei oder mehrere Eliminationsvorgänge, was bei der späteren Erstellung von Dosierungsplänen für Langzeittherapie zu berücksichtigen ist. Solche Überlagerungen machen eine graphische Ermittlung der Halbwertszeit(en) mit einfachem (numerischem) Millimeterpapier unmöglich. Sie gelingt indes nach Umformung der graphischen Darstellung in den halblogarithmischen Maßstab. Hier wird die Plasmaspiegelkurve

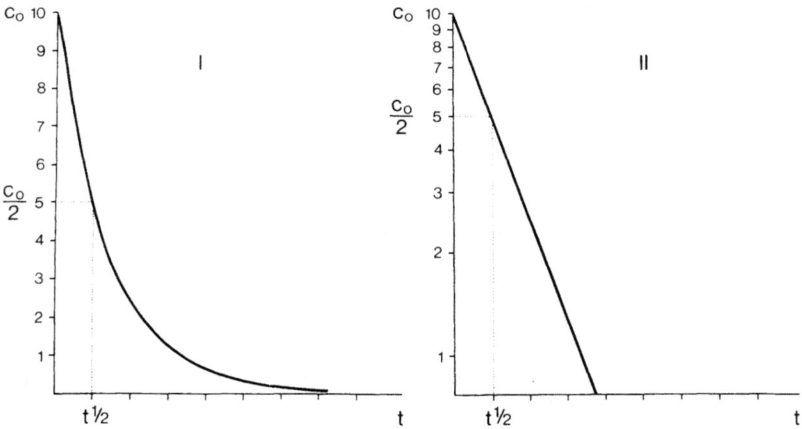

Abb. 3.1.: Graphische Darstellung eines Plasmaspiegelverlaufs nach vaskulärer Applikation auf numerischem (I) und auf halblogarithmischem Millimeterpapier (II) sowie Ermittlung der Halbwertszeit t½.

bei einphasischem Verlauf zu einer Geraden (die mathematische Begründung dazu siehe Kapitel 5).

In Abb. 3.1. ist diese Umformung aus dem numerischen in den halblogarithmischen Maßstab demonstriert, und es wird gezeigt, wie aus beiden Darstellungsarten die t½ abgelesen werden kann.

Oft ist jedoch nach i.v. Applikation der Plasmaspiegelverlauf in der halblogarithmischen Darstellung keine Gerade. Dann handelt es sich um einen mehrphasischen Prozeß mit unterschiedlichen Geschwindigkeiten, die jede für sich eine Gerade ergeben würde. Der tatsächliche Kurvenverlauf ist nichts anderes als die Summe aus diesen Geraden. Nach dem Abklingen der rascheren Phasen zeigt die Kurve nur noch die langsamste an. Dieser terminale Plasmaspiegelverlauf muß, halblogarithmisch aufgetragen, eine Gerade ergeben. Aus ihrem Winkel zur Zeitachse ist dann die „terminale Halbwertszeit" direkt abzulesen. Die Extrapolation dieses terminalen (geraden) Abschnitts auf die Konzentrationsachse (t = 0) bildet die Basis für die Ermittlung der anderen Halbwertszeit(en) und der für die spätere Auf-

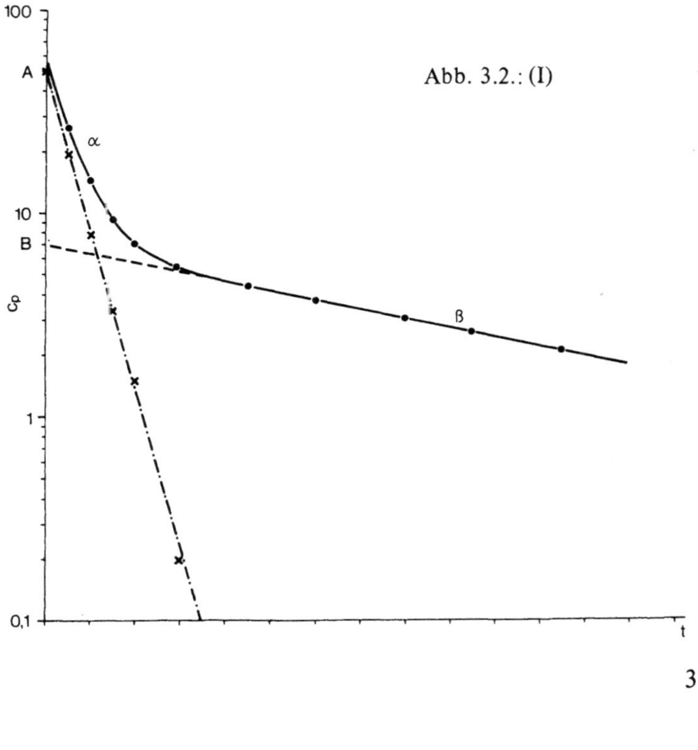

Abb. 3.2.: (I)

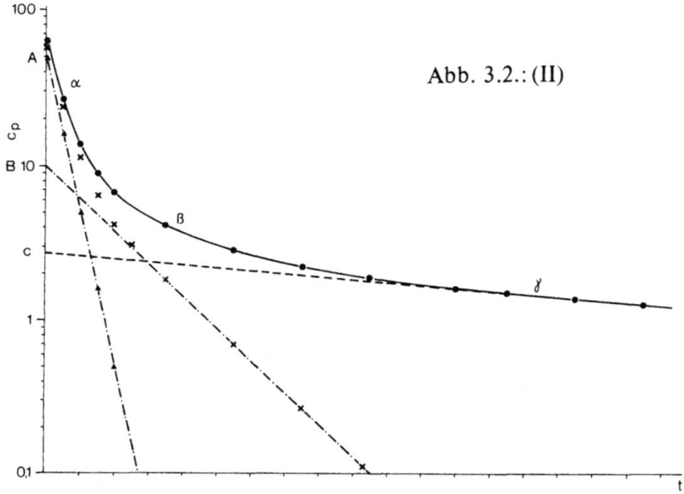

Abb. 3.2.: Verlauf von Plasmaspiegeln nach vaskulärer Applikation im Zwei- (I) und im Drei-Kompartmentsystem (II), gezeichnet auf halblogarithmischem Papier mit Ermittlung der Systemkonstanten.

———— gemessener Plasmaspiegel,

— — — — — Extrapolation der terminalen Phase des Plasmaspiegels nach t = 0,

x— · — · —x Differenz aus Plasmaspiegel minus Extrapolationsgerade der terminalen Phase,

— · — · — · — Extrapolation der (terminalen) Differenzwerte nach t = 0,

▲— · — · —▲ Differenz aus Plasmaspiegel minus der Summe aus den beiden Extrapolationsgeraden.

stellung eines Dosierungsplanes wichtigen fiktiven Anfangskonzentrationen (A, B, C in Abb. 3.2.). Es kommt deshalb darauf an, den Plasmaspiegel so weit zu verfolgen, bis sich die Meßpunkte auf einer gesicherten Geraden befinden.

Wie man die Halbwertszeiten und die fiktiven Anfangskonzentrationen in mehrphasischen Systemen herausfindet, zeigt Abb. 3.2.

Nachdem die Meßpunkte der Plasmakonzentration in das Logarithmenpapier eingetragen und miteinander verbunden sind, wird die terminale Gerade zur Konzentrationsachse hin extrapoliert. Nun subtrahiert man die Werte dieser Geraden von der Plasmaspiegelkurve und trägt die Differenzwerte in die Graphik ein. Ist ihre Verbindungslinie eine Gerade, dann liegt im

Plasmaspiegelverlauf ein Zweiphasensystem vor und die Halbwertszeiten beider Phasen sind aus den Geraden ablesbar (Abb. 3.2., I). Ist die Verbindungslinie der Differenzwerte indes nur in ihrem unteren Teil eine Gerade und geht sie bei den höheren Werten in einen kurvigen Verlauf über (Abb. 3.2., II), so hat man es mit einem mehr als zweiphasischen System zu tun. Man verfährt dann weiter wie schon bei der Auswertung der terminalen Phase, indem man den (unteren) geraden Teil der Differenzwertkurve wieder zur Konzentrationsachse extrapoliert und mit ihr erneut die entsprechenden Differenzen abliest. Ist die Plasmaspiegelkurve die eines dreiphasischen Systems, dann muß die jetzt resultierende dritte Verbindungslinie durchweg eine Gerade sein, wie es in Abb. 3.2., II zu erkennen ist.

Grundsätzlich läßt sich dieses graphische Verfahren auch auf vier- und mehrphasische Systeme anwenden. Sie spielen aber in der pharmakokinetischen Praxis keine nennenswerte Rolle.

Die Geschwindigkeit einer Resorption (Rate) kann ebenfalls graphisch ermittelt werden. Man mißt wiederum die Plasmaspiegel, diesmal nach der p. o.- bzw. i. m.-Applikation des Arzneistoffs, und trägt die Ergebnisse halblogarithmisch auf. Genau wie für die Anfangsphase nach vaskulärer Applikation bildet man auch hier zuerst die Differenzen aus der Extrapolationsgeraden der Eliminationsphase und dem tatsächlichen Plasmaspiegelverlauf, trägt die Differenzwerte in die Graphik ein und verbindet sie untereinander. Resultiert daraus eine Gerade, so ist deren Winkel zur Zeitachse ein Maß für die Resorptionsgeschwindigkeit bzw. -halbwertszeit, allerdings mit umgekehrten Vorzeichen im Vergleich zur Elimination (Abb. 3.3.).

Aus einem Diagramm nach Abb. 3.3. ist nicht immer zu erkennen, ob die Eliminationsgeschwindigkeit dieses Arzneistoffs per se ein- oder mehrphasisch war, weil sich rasche Eliminationsphasen unter der Resorptionsphase verbergen können. Der Eliminations-Kurvenverlauf *vor* dem Maximum ist jedoch bei der Berechnung eines Dosierungsplans für nicht-vaskuläre repetitive Medikation meist ohne Bedeutung. Die Frage nach solchen frühen Eliminationsphasen ist dann bestenfalls von theoretischem Interesse.

Das aufgezeigte Verfahren zur Ermittlung von pharmakokinetischen Konstanten mittels Logarithmenpapier bildet auch den Ausgangspunkt für die tiefer gehenden Betrachtungen über Kompartment-Modelle und die daraus resultierenden Mikrokon-

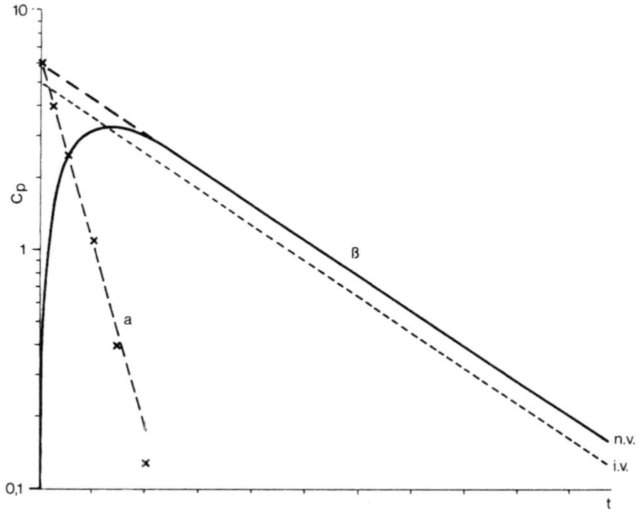

Abb. 3.3.: Verlauf eines Plasmaspiegels nach nicht-vaskulärer Applikation mit Resorption (Ein-Kompartmentsystem), gezeichnet auf halblogarithmischem Papier und Ermittlung der Invasionsgeschwindigkeitskonstante a.

———— gemessener Plasmaspiegel,
– – – – – – Extrapolation der Eliminationsphase (β) nach t = 0,
x— — —x Differenz aus der Extrapolation minus dem gemessenen Plasmaspiegel.

stanten mit samt den Entscheidungen über „tiefe“ und „flache“ Kompartimente. Die mathematischen Grundlagen hierzu und einige Angaben, welche zusätzliche Informationen solche Berechnungen (die dann nur mit elektronischen Rechnern durchführbar sind) bringen, finden sich in Kapitel 5.

3.4. Erstellung von Dosierungsplänen für repetitive Applikation und Infusion

In der Therapie hat die Einmal-Applikation nur untergeordnete Bedeutung. Zwar bringt sie bei Schmerz- und Beruhigungsmitteln aller Art, Verdauungshilfen, Laxantien, Anthelmintika, Antinauseamitteln oft schon die gewünschte Besserung. Die große Mehrzahl der Arzneistoffe wird jedoch wiederholt (repetitiv) anhand eines zeitlich festgelegten Dosierungsplans gegeben. Die Therapiedauer kann sich dabei von wenigen Tagen (z. B. bei Antibiotika) bis zu vielen Monaten oder gar Jahren (z. B. bei Herz-Kreislaufmitteln) erstrecken.

Solche Arzneistoffe zeichnen sich nicht selten durch eine „minimale effektive Konzentration“ (MEC) ihrer Plasmaspiegel aus und zeigen darüber hinaus oft auch eine minimale toxische Konzentration (MTC). Unterschreiten der MEC hat dann lediglich das Wiederauftreten der Symptomatik zur Folge und kann durch erneute Applikation behoben werden. Problematisch dagegen ist das Überschreiten der MTC, da Arzneistoffintoxikationen irreversible Schäden verursachen können (Beispiel Oto- und Nephrotoxizität einiger Aminoglycosid-Antibiotika). Aber auch harmlose Nebenwirkungen, wie Nausea, Kopfschmerzen, Müdigkeit, können die weitere Medikation mit dem betreffenden Arzneistoff ungünstig beeinflussen. Es muß deshalb das Ziel einer länger dauernden Therapie sein, die Dosen so zu wählen, daß die Arzneistoffkonzentrationen im Körper hoch genug bleiben um die gewünschte Wirkung zu garantieren, die Grenze zur unerwünschten Nebenwirkung aber möglichst nicht überschreiten.

Kennt man für ein Medikament MEC und MTC der Plasmaspiegel, so kann man mit Hilfe einfacher pharmakokinetischer Regeln und geringen technischen Mitteln sehr rasch ein Dosierungs-Schema erstellen, das den genannten Forderungen in hohem Maße gerecht wird.

Die wichtigste Größe zur Berechnung von Dosierungsplänen ist die terminale Halbwertszeit des Arzneistoffs im Plasma des betreffenden Patienten. Man kann sie nach (möglichst intravenöser) Einmal-Applikation durch Bestimmung mehrerer Plasma-Konzentrationen oder auch durch genaue Messungen der Ausscheidung pro Minute im Harn erhalten. Letztere erlaubt über die Kenntnis der renalen Arzneistoff-Clearance Cl_{Arz}^{ren} die Ermittlung von Plasmaspiegeln ohne Blutentnahmen (siehe Kapitel 3.5.).

Halbwertszeit ($t^1/_2$), Dosis (D) und Dosierungsintervall (τ) bestimmen den Konzentrationsverlauf eines Arzneistoffs im Körper bei repetitiver Applikation. Die Infusion ist als kontinuierliche Applikation ($\tau \rightarrow 0$) nur ein Sonderfall davon.

Der Plasmaspiegelverlauf eines Arzneistoffs bei repetitiver Applikation ist gekennzeichnet durch die Proportionalität von Eliminationsgeschwindigkeit und Konzentration im Plasma. Mit anderen Worten: Eine Erhöhung des Plasmaspiegels hat raschere Elimination zur Folge. In Abhängigkeit vom Dosierungsintervall τ addiert sich jeweils der aus der neuen Dosis resultierende Plasmaspiegel auf den vorangehenden: Der Arzneistoff „kumuliert“. Bei gleichbleibender Dosis und konstantem Dosierungsintervall nimmt mit jedem Kumulationsschritt auch die durch die Höhe des Plasmaspiegels bedingte Eliminationsgeschwindigkeit zu, so daß sich schließlich die maximalen Konzentrationen auf eine konstant bleibende Höhe einpendeln. Das ist der Fall, sobald sich die zwischen zwei Applikationen aufgenommene und eliminierte Arzneistoffmenge gerade die Waage halten. Der Plasmaspiegel hat dann seinen Kumulationsgrenzwert erreicht. Dieser wird bei gleicher Dosis um so höher sein, je kürzer das Dosierungsintervall ist (Abb. 3.4.). Das Ausmaß der Kumulation ist somit bei gegebener t½ des Arzneistoffs nur eine Funktion von Dosis und Dosierungsintervall.

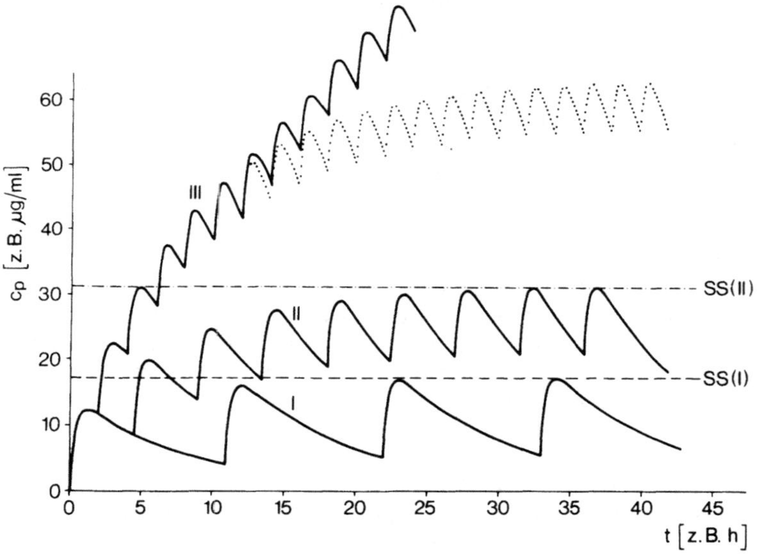

Abb. 3.4.: Plasmaspiegel bei repetitiver nicht-vaskulärer Applikation mit Kumulation zum Grenzwert im Steady State (SS) oder in den unkontrollierten Bereich bei gleichen Dosen aber unterschiedlichem Dosierungsintervall.

Die Proportionalität zwischen Konzentration und Eliminationsgeschwindigkeit besteht nicht uneingeschränkt. Oberhalb der für jeden Arzneistoff charakteristischen Proportionalitätsgrenze ist das Eliminationssystem gesättigt, d. h. die Eliminationsgeschwindigkeit nimmt bei weiterer Erhöhung der Konzentration nicht mehr zu: Der „Dosis-Linearitäts-Bereich" ist überschritten, die Elimination verläuft nicht mehr nach einem Prozeß 1. Ordnung. Da pharmakokinetische Berechnungen von Dosierungsplänen grundsätzlich nur auf der Basis von Prozessen 1. Ordnung erfolgen, haben sie außerhalb des Dosis-Linearitäts-Bereichs keine Gültigkeit (siehe Kapitel 2.23.). Dort kommt es zu *unkontrollierten Kumulationen,* deren Höhe und deren Auswirkungen auf den Organismus nicht vorausgesehen werden können.

Mit Hilfe einfacher pharmakokinetischer Rechenoperationen kann man für repetitive Applikationen aller Art wie für Dauerinfusionen die Dosis und das Dosierungsintervall (bzw. die Infusionsgeschwindigkeit) kalkulieren, die zur Einstellung eines gewünschten Kumulationsgrenzwertes des Plasmaspiegels erforderlich sind. Umgekehrt läßt sich damit bei bekannter Dosis und gegebenem Dosierungsintervall (bzw. Infusionsgeschwindigkeit) der Kumulationsgrenzwert auf einfache Weise berechnen. Voraussetzung ist die Kenntnis der terminalen Halbwertszeit und des dazu gehörigen Verteilungsvolumens des zu applizierenden Arzneistoffs in dem betreffenden Patienten.

Um die Rechenoperationen zur Erstellung von Dosierungsplänen zu verallgemeinern, hat man zwei neue Begriffe eingeführt: die auf die spezielle $t^1/_2$ bezogene *relative Zeit T* ($T = t/t^1/_2$) und das auf $t^1/_2$ bezogene *relative Dosierungsintervall* ε ($\varepsilon = \tau/t^1/_2$). Die in der Rechnung verwendete Zeiteinheit ist dann nicht mehr eine absolute (t in Minuten oder Stunden), sondern eine relative (t in Halbwertszeiten) vom Arzneistoff und dem behandelten Individuum unabhängige Zeitspanne. Daraus ergeben sich eine Reihe von einfachen mathematischen Gleichungen, die für jeden beliebigen Arzneistoff und jeden Patienten Gültigkeit besitzen.

Am einfachsten gestaltet sich eine solche Berechnung für die repetitive intravenöse Injektion, vorausgesetzt daß der zeitliche Abstand zwischen den Applikationen (τ) konstant gehalten wird. Ist c_{po} der Plasmaspiegel unmittelbar nach einmaliger i. v.-Applikation der Dosis D, dann berechnen sich für die repetitive Applikation der maximale und der minimale Plasmaspiegel im Kumulationsgrenzbereich nach Gl. 3.1.

$$c_{prep}^{max} = c_{po} \cdot \frac{1}{1 - 2^{-\varepsilon}}; \quad c_{prep}^{min} = c_{po} \cdot \frac{2^{-\varepsilon}}{1 - 2^{-\varepsilon}} \qquad (3.1.)$$

Daraus folgt ein Kumulationsfaktor R mit

$$R = \frac{c_{prep}^{max}}{c_{po}} = \frac{1}{1 - 2^{-\varepsilon}} \qquad (3.2.)$$

R zeigt an, auf ein wievielmal höheres Niveau der Plasmaspiegel bei repetitiver Gabe im Vergleich zum Plasmaspiegel bei einmaliger Gabe derselben Dosis ansteigt.

Bei Kenntnis der terminalen $t^{1/2}$ kann man den maximalen Plasmaspiegel im Kumulationsgrenzwert auch aus der Dosis (D) und dem Verteilungsvolumen (V_D) berechnen, da $c_{po} = D/V_D$ ist (Gl. 2.3.):

$$c_{prep}^{max} = \frac{D}{V_D} \cdot \frac{1}{1 - 2^{-\varepsilon}} \qquad (3.3.)$$

Der relativ seltenen repetitiven i. v. (vaskulären) Injektion steht die wohl häufigste Applikationsart, die repetitive orale oder repetitiv intramuskuläre Applikation gegenüber. Bei einer im Vergleich zur (terminalen) Eliminationsgeschwindigkeit raschen Resorption, also bei $a \gg \beta$, kann man den aus der Extrapolation der β-Phase auf die c_p-Achse ermittelten (fiktiven) c_{po} als solchen in Rechnungen nach 3.1. und 3.2. einsetzen (vgl. Abb. 3.3.). Dieses Vorgehen ist zwar theoretisch nicht absolut korrekt, es bringt aber für die Praxis meist genügend genau den maximalen Kumulationsgrenzwert bei repetitiver Applikation.

Soll der Plasmaspiegel nicht erst im Laufe der wiederholten Applikation den Kumulationsgrenzwert (c_{prep}^{max}) erreichen, sondern schon nach der ersten Dosis, dann muß man mit einer Initialdosis D* beginnen. Sie berechnet sich aus Gl. 3.4.

$$D^* = R \cdot D \qquad (3.4.)$$

wobei D die Erhaltungsdosis, R der Kumulationsfaktor aus Gl. 3.2. ist.

Oft kann in der Therapie ein gewünschtes Dosierungsintervall nicht beliebig festgelegt werden. Bei einem Medikationsplan „2 × täglich“ ist das zwar noch möglich, beispielsweise 8 Uhr morgens und 8 Uhr abends (τ = 12 Std. tagsüber und nachts). Aber schon bei „3 × täglich" wird normalerweise nachts die Konstanz von τ unterbrochen. In diesem Fall ist es natürlich wichtig zu wissen wie hoch am nächsten Morgen der Rest-Plasmaspiegel ist. Man erhält ihn über die mathematische Funktion der Abklingsphase dieses letzten Plasmaspiegelverlaufs. Sie lautet: (Gl. 3.5.):

$$c_p^{AK} = c_{prep}^{max} \cdot 2^{-\varepsilon} \qquad (3.5.)$$

Man muß also nur c_{prep}^{max} nach Gl. 3.1. ausrechnen und mit $2^{-\varepsilon}$ multiplizieren. Der so berechnete Rest-Plasmaspiegel addiert sich dann zu dem Plasmaspiegel der ersten morgentlichen Dosis (vgl. Abb. 5.19.). Man kann ihn aber auch in die Berechnung einer morgentlichen additiven Initialdosis (D_A^*) einbeziehen, um gleich wieder auf den gewünschten Kumulationsgrenzwert zu kommen (Gl. 3.6.).

$$D_A^* = R \cdot D - V_D \cdot c_p^{AK} \cdot \frac{1 - 2^{-\varepsilon}}{2^{-\varepsilon}} \qquad (3.6.)$$

Einfacher als bei der repetitiven Applikation gestaltet sich die Berechnung des Plasmaspiegels und dessen Kumulationsgrenzwert bei einer mit konstanter Geschwindigkeit verlaufenden Infusion. Hier steigt der Plasmaspiegel zunächst steil an. Im selben Maß nimmt jedoch die pro Zeiteinheit eliminierte Menge Arzneistoff ständig zu (zur Begründung siehe Kapitel 5.) bis sie schließlich der pro Zeiteinheit durch die Infusion in den Körper gelangenden Menge gleichkommt. Von nun an bleibt der Plasmaspiegel konstant; der Zustand des Steady State (SS) ist erreicht (Abb. 3.5.).

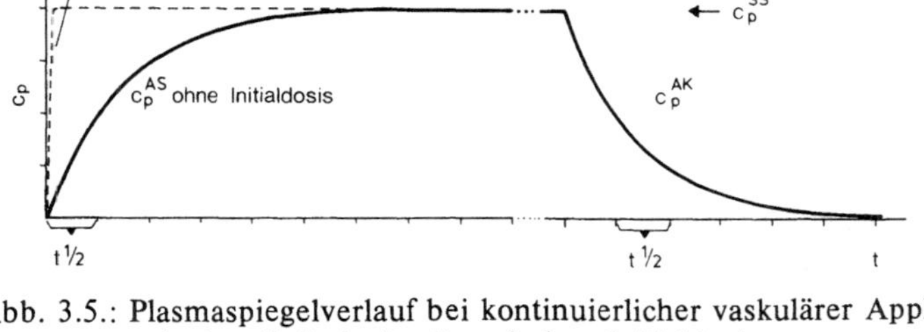

Abb. 3.5.: Plasmaspiegelverlauf bei kontinuierlicher vaskulärer Applikation (Infusion) mit und ohne Initialdosis.

Bei Infusionen kann man die Dosis als „Dosis pro relative Zeit T" angeben. Der Plasmaspiegel im Steady State (Abb. 3.5.) errechnet sich dann nach Gl. 3.7.,

$$c_p^{SS} = 1{,}44 \cdot \frac{D}{V_D \cdot T} \quad (3.7.)$$

jeder Punkt der Anstiegsphase (AS) nach Gl. 3.8.

$$c_p^{AS} = c_p^{SS} \cdot (1 - 2^{-T}) \quad (3.8.)$$

und jeder Punkt in der Abklingphase (nach Beendigung der Infusion) nach Gl. 3.9.

$$c_p^{AK} = c_p^{SS} \cdot 2^{-T} \quad (3.9.)$$

Aus Gleichung 3.8. erkennt man, daß es bei einer Infusion etwa vier Halbwertszeiten dauert, bis der Plasmaspiegel auf 90% seines Steady State angestiegen ist. Diese Verzögerung, die in der Therapie meist unerwünscht ist, läßt sich verhindern, indem man vor Beginn der Infusion eine Initialdosis injiziert. Wie hoch diese sein muß, um den Plasmaspiegel sofort auf den Steady State Endwert der nachfolgenden Infusion zu bringen (siehe Abb. 3.5.), ergibt sich aus Gl. 3.10. (D_I^* = Initialdosis für die Infusion).

$$D_I^* = c_p^{SS} \cdot V_D = 1{,}44 \cdot \frac{D}{T} = 1{,}44 \cdot \frac{D}{t} \cdot t^1\!/\!_2 \quad (3.10.)$$

Durch Umstellung kann man die Gleichungen 3.1. bis 3.10. auch anders benutzen. Löst man beispielsweise Gl. 3.1. nach c_{po} auf, so erhält man Gl. 3.11.

$$c_{po} = c_{prep}^{min} \cdot \frac{1 - 2^{-\varepsilon}}{2^{-\varepsilon}} \quad (3.11.)$$

Das heißt nichts anderes, als daß man bei repetitiver Applikation (bei Kenntnis von $t^1\!/\!_2$) nur unmittelbar vor einer erneuten Arzneistoffgabe den Plasmaspiegel (c_{prep}^{min}) zu bestimmen braucht, um c_{po} nach einmaliger Applikation der betreffenden Dosis zu erhalten.

Ähnlich kann mit allen anderen Gleichungen verfahren werden. Besonders interessant ist dies bei Gl. 3.7., aus der man für einen gewünschten Steady State die dazu erforderliche Dosis pro Halbwertszeit erfahren kann:

$$\frac{D}{T} = c_p^{SS} \cdot \frac{V_D}{1{,}44} \quad (3.12.)$$

3.5. Pharmakokinetik und Nierenfunktion

Ein Arzneistoff kann durch verschiedene Mechanismen aus dem Körper eliminiert werden. Die wichtigsten sind die Ausscheidung mit dem Harn (renal), die Ausscheidung mit der Galle (biliär) und die Elimination durch enzymatische Umwandlung (metabolisch). Aus dem Verlauf des Plasmaspiegels läßt sich jedoch nicht ohne Weiteres erkennen, welchen Anteil jede dieser einzelnen Eliminationsarten am Gesamtgeschehen der (globalen) Elimination hat. Die Neigung der aus der terminalen Eliminationsphase extrapolierten Geraden (siehe Kapitel 3.3.) zeigt deshalb nur die globale Elimination an. In welchem Maß sie z. B. durch krankhafte Veränderungen der Niere beeinflußt wird, hängt vom Anteil der renalen an der globalen Elimination ab. Dieser Anteil ist aber von Arzneistoff zu Arzneistoff verschieden, und so mußte ein Weg gefunden werden, wie man die renale Elimination getrennt von der globalen ermitteln kann. Das gelang durch Einbeziehung der renalen Clearance. Die renale Elimination eines Arzneistoffs ist nämlich in der Regel proportional der bei Nierenfunktionsprüfungen üblicherweise gemessenen Creatinin-, Inulin- oder p-Aminohippursäure (PAH)-Clearance. Bei pathologisch eingeschränkter Clearance muß man mit einer gleichermaßen verminderten renalen „Arzneistoff-Clearance" rechnen.

Im Kapitel 3.3. wurde bereits gezeigt, wie durch Kenntnis der Plasmaspiegel nach einmaliger Applikation derartige Gefahren einer unerwünschten Kumulation vermeidbar sind. Dem steht in der Praxis entgegen, daß nur selten solche Messungen von Arzneistoffkonzentrationen durchgeführt werden können und auch die auftragsmäßige Bestimmung in einem dafür spezialisierten Institut oft zu lange Zeit in Anspruch nimmt. So ist es von großem Nutzen, wenn eine pathologisch bedingte Veränderung der Eliminationsgeschwindigkeit des betreffenden Arzneistoffs auch aus der dann üblicherweise bekannten veränderten Creatinin-, Inulin- oder PAH-Clearance kalkulierbar ist.

Die physiologische Clearance als ein Maß für die Nierenfunktion wird, wie an anderer Stelle ausführlich begründet (Kapitel 2.2.13.), nicht in Halbwertszeiten sondern in ml/min deklariert. Im Prinzip kann man ebenso die renale Arzneistoff-Clearance in ml/min angeben. Hierfür dient die renale Eliminationsgeschwindigkeits-Konstante des Arzneistoffs als mathematisches Bindeglied zwischen seiner Halbwertszeit und der physiologischen Clearance von Creatinin (bzw. Inulin oder PAH).

Die Geschwindigkeit der renalen Elimination eines Arzneistoffs ist durch seine renale Eliminationskonstante k_e^{ren} charakterisiert, der Differenz aus globaler und nicht-renaler Elimination:

$$k_e^{ren} = k_e^{gl} - k_e^{nren} \qquad (3.13.)$$

k_e^{gl} ist der Plasma-Halbwertszeit umgekehrt proportional und kann somit aus dem Neigungswinkel der terminalen Extrapolationsgeraden des Plasmaspiegels abgelesen werden (Gl. 3.14.).

$$k_e^{gl} = \frac{0{,}693}{t^1\!/\!_2} \quad \text{bzw.} \quad t^1\!/\!_2 = \frac{0{,}693}{k_e^{gl}} \qquad (3.14.)$$

k_e^{nren} aber entzieht sich der direkten Messung, weshalb k_e^{ren} auf diesem Weg nicht ermittelt werden kann. Hingegen steht k_e^{ren} mit der Arzneistoff-Clearance Cl_{Arz} in einem unmittelbaren Zusammenhang. An unzähligen Beispielen hat man nämlich festgestellt, daß sich die Cl_{Arz} eines bestimmten Arzneistoffs bei nierengeschädigten Patienten von derjenigen nierengesunder Personen z. T. erheblich unterscheidet. Man fand eine Proportionalität zwischen Arzneistoff-Clearance und der Creatinin-Clearance (Gl. 3.15.).

$$Cl_{Arz}^{ren} = \Phi' \cdot Cl_{cr} \qquad (3.15.)$$

Aus der Definition der Clearance (ml/min) läßt sich die Verbindung von Cl_{Arz}^{ren} zur Eliminationskonstante ableiten. Sie lautet

$$Cl_{Arz}^{ren} = V_D \cdot k_e^{ren} \qquad (3.16.)$$

bzw.

$$Cl_{Arz}^{gl} = V_D \cdot k_e^{gl}$$

Hier erscheint V_D, das Verteilungsvolumen des Arzneistoffs, als dasjenige (scheinbare) Plasmavolumen, dessen Anteil k_e pro Minute vom Arzneistoff „gereinigt" wird[1]). Nun kann noch Gl. 3.16. in Gl. 3.13. eingesetzt werden, und man erhält

$$k_e^{gl} = k_e^{nren} + \frac{\Phi'}{V_D} \cdot Cl_{cr} \qquad (3.17.)$$

[1]) Hier muß immer streng beachtet werden, wie im speziellen Fall k_e definiert ist, pro Minute oder pro Stunde. Trifft letzteres zu, so hat man Gl. 3.16. noch durch 60 zu dividieren ($Cl_{Arz} = V_D \cdot \frac{k_e}{60}$).

Da ferner der Quotient zweier Konstanten wiederum eine Konstante ist, läßt sich Φ'/V_D als neue Konstante Φ zusammenfassen. Das ergibt schließlich die allgemeine Formulierung der Abhängigkeit der Arzneistoff-Clearance von der Creatinin-Clearance (Gl. 3.18.), wobei Cl_{cr} die Creatinin-Clearance und Φ der für den betreffenden Arzneistoff gültige Proportionalitätsfaktor ist.

$$k_e^{gl} = k_e^{nren} + \Phi \cdot Cl_{cr} \qquad (3.18.)$$

Eine graphische Darstellung von Gl. 3.18. zeigt deutlich die prinzipiellen Einflüsse der Niereninsuffizienz auf die renale Elimination eines solchen Arzneistoffs (Abb. 3.6.).

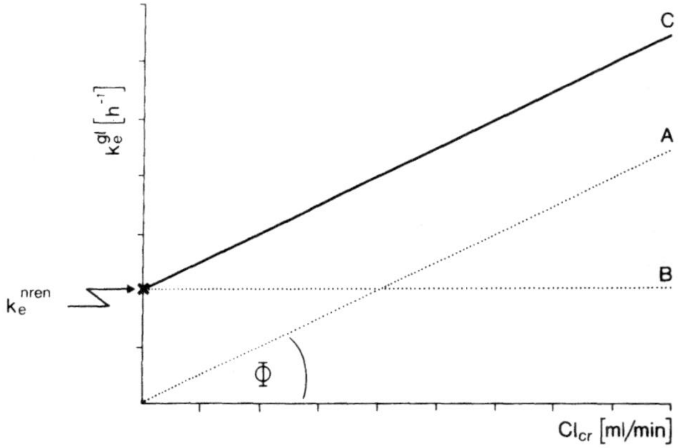

Abb. 3.6.: Graphische Darstellung von Gleichung (3.18.): Proportionalität von Arzneistoff-Elimination und Creatinin-Clearance (anstelle der Cl_{cr} hat bei einigen Arzneistoffen die p-Aminohippursäure-Clearance, Cl_{AHP}, zu stehen). Aus *L. Dettli,* Zitat von Tab. 3.1.

Es sind dabei drei Eliminationstypen zu unterscheiden:

Typ A: Der Arzneistoff wird ausschließlich renal nach dem Mechanismus des Creatinins eliminiert. Die Gerade in Abb. 3.6. geht durch den Nullpunkt, der Steigungswinkel ist der Proportionalitätsfaktor Φ.

Typ B: Der Arzneistoff wird ausschließlich extrarenal eliminiert. Die Gerade verläuft parallel zur Abszisse. Ihr Schnittpunkt mit der Ordinate ergibt die Konstante k_e der extrarenalen Elimination.

Typ C: Der Arzneistoff wird teils renal, teils extrarenal eliminiert. Die Steigung der Geraden ist der renale Proportionalitätsfaktor Φ, der Schnittpunkt mit der Ordinate zeigt den nichtrenalen Anteil der Eliminationskonstante.

Tab. 3.1.: Globale Eliminationskonstante einiger Arzneistoffe bei Patienten mit normaler Nierenfunktion (k_e^{gl}) und bei anurischen Patienten (k_e^{nren}). Nach *L. Dettli,* in *H. P. Kuemmerle, E. R. Garrett* und *K. H. Spitzy* (Herausgeber): Klinische Pharmakologie und Pharmakotherapie, 77–89, Urban & Schwarzenberg, 1976.

Arzneistoff	k_e^{nren} pro Stunde	k_e^{gl} pro Stunde
Penicillin G	0,03	1,4
Ampicillin	0,1	0,8
Carbenicillin	0,06	0,6
Cephacetril	0,03	0,7
Tetracyclin	0,01	0,08
Doxycyclin	0,025	0,03
Chloramphenicol	0,25	0,3
Isoniazid (Schnell-Inaktivatoren)	0,3	0,5
Isoniazid (Langsam-Inaktivatoren)	0,1	0,2
Streptomycin	0,01	0,27
Gentamycin	0,007	0,3
Erythromycin	0,13	0,5
Lincomycin	0,06	0,15
Sulfamethoxazol	0,6	0,7
Procainamid	0,007	0,21
α-Acetyldigoxin	0,24	0,72
β-Methyldigoxin	0,17	0,38

Der strenge Zusammenhang zwischen Creatinin-Clearance und Eliminationsgeschwindigkeit bei Arzneistoffen vom Typ A und (nicht so ausgeprägt) vom Typ C besagt, daß für sie die in Kapitel 3.4. beschriebenen Kumulationsberechnungen nur für nierengesunde Patienten Gültigkeit haben. Patienten mit verminderter Creatinin-Clearance (vornehmlich bei älteren Menschen und bei Diabetikern anzutreffen) dürfen daher nicht ohne weiteres nach Dosierungsplänen therapiert werden, die für nierengesunde Personen erstellt worden sind. Denn es kann, wenn es sich um einen Arzneistoff vom Typ A oder C handelt, zu ganz beachtlichen Erhöhungen der c_{prep}^{max} (bzw. der c_p^{ss} bei Infusionen) kommen (Gl. 3.1.).

Der in Gl. (3.18.) und Abb. 3.6. eingeführte Proportionalitätsfaktor Φ ist weder aus Plasmaspiegelmessungen noch aus Messungen der renalen Ausscheidung eines Arzneistoffs bei nierengesunden Patienten zu erkennen. Man hat deshalb die Eliminationsgeschwindigkeitskonstante k_e^{gl} einer Reihe von Arzneistoffen bei nierengesunden (normale Creatinin-Clearance) und bei anurischen Patienten (Creatinin-Clearance = 0) gemessen. Einige der Ergebnisse sind in Tab. 3.1. zusammengefaßt.

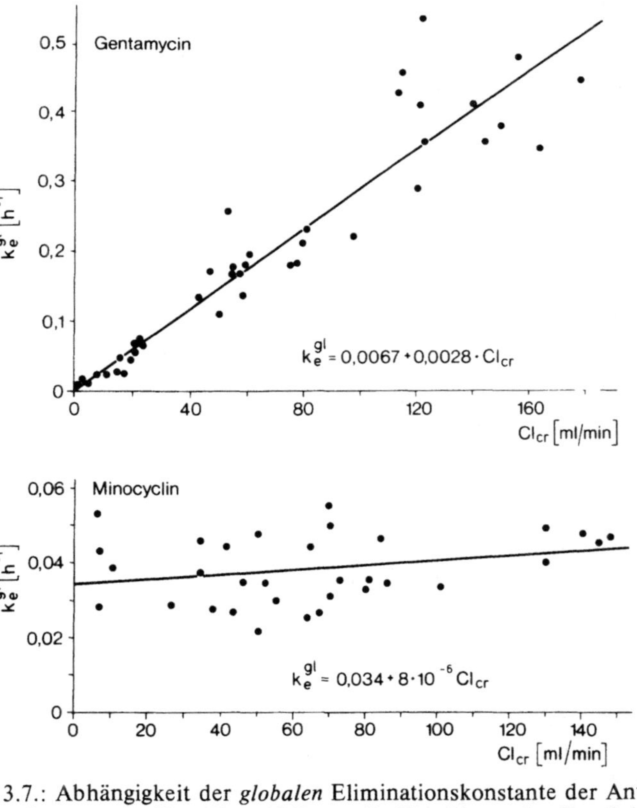

Abb. 3.7.: Abhängigkeit der *globalen* Eliminationskonstante der Antibiotika Gentamycin (Typ A) und Minocyclin (Typ B) von der Creatinin-Clearance. Aus *L. Dettli, Zitat von Tab. 3.1.*

Für die Antibiotika Gentamycin und Minocyclin (ein Tetracyclinderivat) zeigt Abb. 3.7. die Meßergebnisse von Patienten verschiedenster Creatinin-Clearance.

Daraus ist die Berechnung von Φ klar ersichtlich:

$$\Phi = \frac{\Delta k_e^{gl}}{\Delta Cl_{cr}} \qquad (3.19.)$$

Niereninsuffizienz wird demnach bei Gentamycin einen großen, bei Minocyclin praktisch keinen Einfluß auf die individuelle Höhe des Kumulationsgrenzwerts c_{prep}^{max} haben.

Der Proportionalitätsfaktor Φ ist wie die Eliminationskonstante k_e^{gl} eine für jeden Arzneistoff typische Größe. Während aber k_e^{gl} nur unter der Voraussetzung einer konstanten Nierenfunktion selbst eine Konstante ist, fällt bei Φ diese Einschränkung definitionsgemäß fort.

Bei der großen praktischen Bedeutung des Proportionalitätsfaktors Φ für Dauermedikationen mit Medikamenten enger therapeutischer Breite (z. B. Gentamycin) sollte von jedem dieser Arzneistoffe sowohl Φ wie auch k_e^{gl} bekannt sein.

Zur Definition einer Geraden sind nur zwei Punkte erforderlich. Damit läßt sich Φ z. B. aus den Werten für k_e^{gl} in Tab. 3.1. direkt berechnen. Dort ist k_e^{gl} die Eliminationskonstante des Arzneistoffs unter Normalbedingungen (Cl_{cr} = 100 ml/min), k_e^{nren} die von anurischen Patienten ($Cl_{cr} = 0$), und Φ berechnet sich aus dem Anstieg der Geraden zwischen k_e^{nren} und k_e^{gl} und nach Gl. (3.18.):

$$\Phi = \frac{k_e^{gl} - k_e^{nren}}{100} \qquad (3.20.)$$

wobei 100 für die normale Creatinin-Clearance steht und k_e^{nren} in einer representativen Stichprobe total niereninsuffizienter Patienten bestimmt worden ist. Daraus läßt sich für jeden der genannten Arzneistoffe die individuelle Eliminationskonstante ableiten, sofern man die Creatinin-Clearance des Patienten kennt.

Cl_{cr} und k_e^{nren} in Gl. (3.18.) eingesetzt, ergeben dann unmittelbar die für die Dosierungsberechnung benötigte globale k_e^{gl} und weiter über Gl. (3.14.) die individuelle Halbwertszeit $t^1/_2$ des Arzneistoffs in dem niereninsuffizienten Patienten. Mit ihrer Hilfe lassen sich die in den früheren Kapiteln besprochenen pharmakokinetischen Berechnungen auch auf Patienten mit eingeschränkter Nierenfunktion anwenden, ohne dabei die Gefahr einer Überdosierung einzugehen.

3.6. Bioverfügbarkeit und Bioäquivalenz

Unter BIOVERFÜGBARKEIT versteht man vereinbarungsgemäß denjenigen Anteil des applizierten Arzneistoffs, der für eine biologische Wirkung tatsächlich zur Verfügung steht. Unmittelbar nach einer *vaskulären Injektion* sind dies 100%, da die gesamte Dosis direkt in das biologische System eingebracht ist und nicht erst durch mehr oder weniger vollständig verlaufende Resorptionsprozesse dorthin gelangen muß. Nach Ablauf einer Halbwertszeit ist nur noch halb so viel Arzneistoff biologisch verfügbar wie zum Zeitpunkt der Applikation, nach zwei Halbwertszeiten nur noch ein Viertel, usw. D. h. nach einer vaskulären Applikation ist zu jedem beliebigen Zeitpunkt der Plasmaspiegel ein quantitatives Maß für die momentane biologische Verfügbarkeit des betreffenden Arzneistoffs.

Bei nicht-vaskulärer Applikation wird der Arzneistoff nicht sofort „biologisch verfügbar" sondern erst im Laufe seiner Resorption. Dessen ungeachtet ist auch hier zu jedem Zeitpunkt der Plasmaspiegel das quantitative Maß für die *momentane* biologische Verfügbarkeit, da jeder Konzentration im Plasma - mit geringer zeitlicher Verzögerung - eine ihr proportionale Konzentration am Ort der Wirkung entspricht. Man kann daher bei vaskulärer wie bei nicht-vaskulärer Applikation die biologische Verfügbarkeit zu jedem Zeitpunkt ermitteln, indem man die Arzneistoffkonzentration im Plasma zu c_{po}, der Initialkonzentration nach intravenöser Applikation derselben Dosis, in Beziehung setzt.

Therapeutisch interessanter als eine Momentaufnahme der Bioverfügbarkeit ist indes ihr zeitlicher Verlauf. Die Kinetik der Bioverfügbarkeit eines Arzneistoffs ist als eine zeitliche Aneinanderreihung aller Bioverfügbarkeiten zu verstehen. Graphisch dargestellt ergibt das die Fläche unter der Plasmaspiegelkurve (Abb. 3.8.).

Auch hier bezieht man die aufsummierten Verfügbarkeiten als Fläche unter dem Plasmaspiegel (AUC, *a*rea *u*nder the *c*urve) auf die Fläche nach vaskulärer (i. v.) Applikation derselben Dosis, die wieder gleich 100% gesetzt wird.

Es konnte mathematisch nachgewiesen werden, daß eine vollständige Resorption nach nicht-vaskulärer Applikation in einer gleichgroßen Fläche unter den PLasmaspiegeln (AUC) resultieren muß, wie nach intravenöser Applikation derselben Dosis des Arzneistoffs („Prinzip der korrespondierenden Flächen"). Die Gültigkeit dieses Prinzips läßt sich leicht überprüfen, indem man zwei (oder mehrere) solcher Kurven in Millimeterpapier einträgt und die Flächen kästchenweise ausmißt. Hat man darüber hinaus die Kurven übereinander eingetragen (vgl. Abb. 3.9.), so erkennt man, daß die i. v.-Kurve immer genau durch

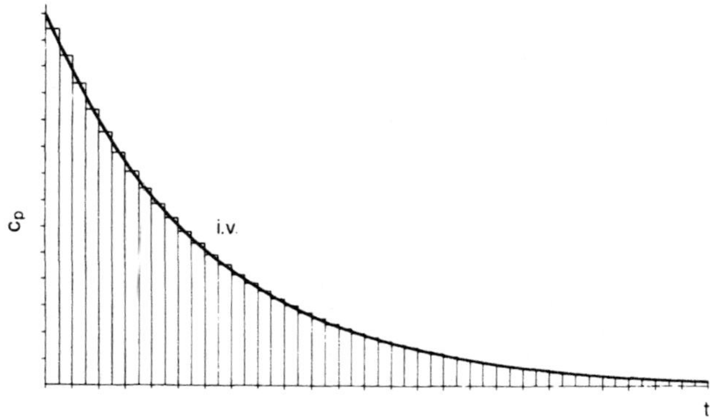

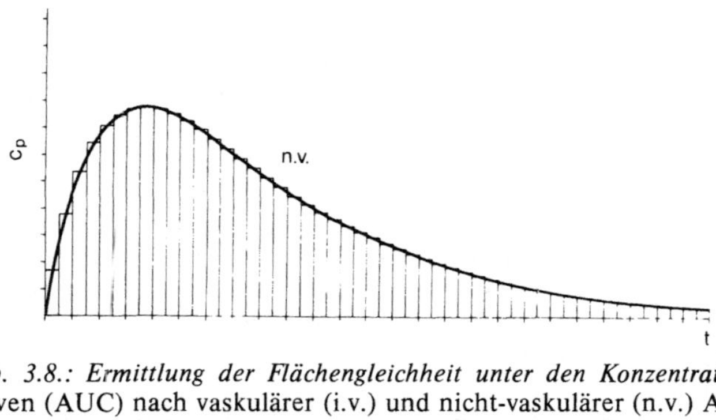

*Abb. 3.8.: Ermittlung der Flächengleichheit unter den Konzentrations*kurven (AUC) nach vaskulärer (i.v.) und nicht-vaskulärer (n.v.) Applikation derselben Dosis. Anwendung der Trapezregel auf numerischem Millimeterpapier.

das Maximum der Kurve mit Resorption verläuft. Auch wird das Flächendefizit der Resorptions-Kurve links vom Maximum durch ihren Flächenüberschuß rechts davon genau ausgeglichen. Deshalb bekommt man bei nicht-vaskulärer Applikation und vollständiger Resorption immer *hinter* dem Maximum höhere Plasmaspiegel als nach i. v.-Applikation derselben Dosis.

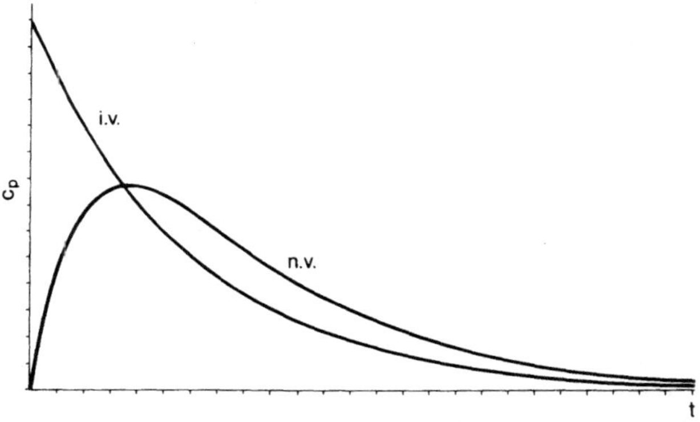

Abb. 3.9.: Übereinanderprojektion der beiden Plasmaspiegelkurven aus Abb. 3.8.: Der Plasmaspiegel nach i.v.-Applikation schneidet den nach n.v. genau in dessen Maximum. Letzteres gilt nicht mehr exakt, wenn Resorptionsverzögerung vorliegt.

Dieses Verfahren zur Bestimmung der Bioverfügbarkeit ist durch Vereinbarung international festgelegt. Es bietet bis heute die einzige Möglichkeit, die potentielle Wirksamkeit verschiedener Darreichungsformen ein und desselben Arzneistoffs quantitativ miteinander zu vergleichen. Man ist sogar noch einen Schritt weiter gegangen und hat die mittels der n. v.-AUC im Vergleich zur i. v.-AUC gemessene Verfügbarkeit eines Arzneistoffs als seine „absolute Bioverfügbarkeit" bezeichnet. Im Gegensatz dazu spricht man von einer „relativen Bioverfügbarkeit", wenn als Bezug ein anderer Standard genommen wird. Angaben zur relativen Bioverfügbarkeit dienen in erster Linie zum quantitativen Vergleich verschiedener galenischer Formulierungen ein und desselben Arzneistoffs.

Angaben zur Bioverfügbarkeit sind heute fester Bestandteil der Forderungen von Gesundheitsbehörden für die Zulassung pharmazeutischer Zubereitungen neuer und schon auf dem Markt befindlicher Medikamente. Bei der Anmeldung eines neuen Wirkstoffs wird vom Anmelder erwartet, daß er für die erste einzuführende Form Angaben zur *absoluten* Bioverfügbarkeit macht. Ist diese zufriedenstellend, kann diese Form zum Vergleichs-Standard für alle weiteren Bioverfügbarkeitsuntersuchungen mit diesem Arzneistoff erklärt werden. Dann erst genügen, wie auch bei der Neuformulierung älterer Arzneistoffe, Angaben zur *relativen* Bioverfügbarkeit, bezogen auf einen von der Behörde vorgeschlagenen oder von ihr akzeptierten Standard.

Zur Bestimmung der *relativen* Bioverfügbarkeit werden die AUC der zu vergleichenden Zubereitungen ermittelt. Sind sie in Größe *und* Form gleich (also identisch), dann besteht zwischen den beiden Formulierungen BIOÄQUIVALENZ. Unterscheiden sich die AUC zweier Präparate aber in Form und/oder Größe, dann kann die Beurteilung ihrer relativen Bioverfügbarkeiten als Anhaltspunkt für die therapeutischen Wirksamkeiten äußerst schwierig wenn nicht sogar unmöglich werden. Die Schwierigkeit liegt in der exakten Definition des Begriffs Bioverfügbarkeit:

Ein Arzneistoff kann nur wirksam werden, wenn er in genügend hoher Konzentration an seinen Wirkort im Organismus gelangt. Dort tritt er mit spezifischen Rezeptoren in Wechselwirkung. Zur Auslösung eines pharmakologischen Effekts muß am Wirkort eine minimale Schwellenkonzentration überschritten werden. Unterhalb dieser für jedes Pharmakon und jede Art von Wirkung unterschiedlichen Mindestkonzentration wird kein Effekt beobachtet.

In der Pharmakokinetik sind die Orte der Wirkung und die möglicher Nebenwirkungen unter dem Oberbegriff „Biophase“ zusammengefaßt.

Im Sinne der gewünschten Wirkung oder einer unerwünschten Nebenwirkung ist nur derjenige Teil des Plasmaspiegels von Interesse, der die MEC bzw. MTC überschreitet. So kann es z. B. geschehen, daß ein Arzneistoff aus einer pharmazeutischen Formulierung zwar zu 100% resorbiert wird, sein Plasmaspiegel aber infolge einer zu langsamen Resorption (besonders bei „Depot-Präparaten“ zu beachten) die MEC nicht erreicht. Der Arzneistoff kann dann nicht wirksam werden.

Genau genommen sind demnach für Betrachtungen zur Bioverfügbarkeit (nicht Bioäquivalenz!) nur die Plasmaspiegel-Anteile oberhalb der MEC relevant. Diesem offensichtlichen

Dilemma wird ausgewichen, wenn man den Terminus EFFEKTIVE BIOVERFÜGBARKEIT einführt. Er stellt nur solche Plasmaspiegel-Anteile für die Bioverfügbarkeit in Rechnung, die einen effektiven Beitrag zur pharmakologischen Wirkung leisten. Da jedoch MEC und MTC der meisten Arzneistoffe noch nicht oder nur unzureichend bekannt sind, kann die *effektive Bioverfügbarkeit* heute noch kaum exakt angegeben werden.

Es gibt Arzneistoffe, deren pharmakologische bzw. toxische Wirkung solange anhält, wie die Plasma-Konzentration c_p über der MEC bzw. über der MTC liegt. Unterschreitet der Plasmaspiegel diese Grenze (meist durch Elimination), so hört die Wirkung wieder auf. Ein typisches Beispiel hierfür sind die Barbiturate als Schlafmittel und Narkotika. Andere Arzneistoffe wiederum kommen zwar ebenfalls erst beim Überschreiten der MEC bzw. MTC in ihre Zone der Wirksamkeit, die Wirkung bleibt dann aber länger erhalten als der Plasmaspiegel über MEC bzw. MTC. Solche HIT AND RUN Wirkungsweisen findet man z. B. beim Reserpin, bei der Acetylsalicylsäure in ihrer Eigenschaft als Anti-

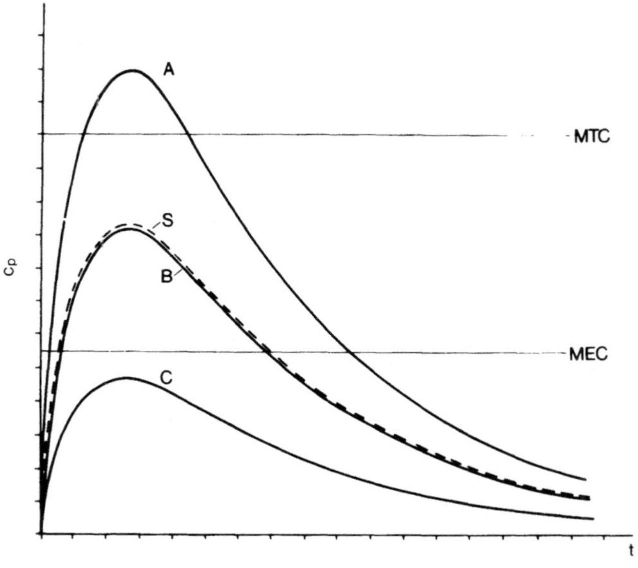

Abb. 3.10.: Plasmaspiegelverlauf bei Resorption eines Arzneistoffs aus Präparaten mit unterschiedlicher relativer Bioverfügbarkeit (A, B, C) im Vergleich zu einem Standardpräparat (S).
MEC = minimale effektive Konzentration.
MTC = minimale toxische Konzentration.

thrombotikum und natürlich bei allen bakteriziden Antibiotika. Ebenso sind irreversible Arzneimittelschäden in die Gruppe der HIT AND RUN Reaktionen einzuordnen.

Die Aussage zur Bioverfügbarkeit zweier verschiedener Formulierungen kann deshalb bestenfalls lauten: gleichwertig, besser als oder schlechter als (Abb. 3.10.).

Bei nicht-bioäquivalenten Präparaten (z. B. gleiches t^{max}, unterschiedlicher c_p^{max}) hängt es wiederum von der - meist unbekannten - MEC und MTC ab, ob ein Präparat „besser" oder „schlechter" als ein anderes einzustufen ist. In Abb. 3.10. wäre A zwar biologisch besser verfügbar als S, ist aber wegen der Gefahr von Nebenwirkungen als schlechter einzustufen. Präparat C dagegen wäre eine absolut unwirksame galenische Form.

Bei Angaben zur Bioverfügbarkeit bzw. zur Bioäquivalenz zweier oder mehrerer pharmazeutischer Präparate desselben Arzneistoffs ist die statistische Absicherung der Meßergebnisse unerläßlich. Die galenische Form eines Arzneistoffs kann nämlich seine Invasionsgeschwindigkeit beeinträchtigen, die außer von der Invasionsgeschwindigkeitskonstanten des Arzneistoffs (vgl. Abb. 3.1. und Abb. 5.12.b) auch von der Zerfallscharakteristik der betreffenden galenischen Formulierung sowie von der Peristaltik etc. abhängt.

3.7. Quantitative Beurteilung pharmakokinetischer Daten

Messungen von Arzneistoffkonzentrationen in Körperflüssigkeiten (Blut, Plasma, Harn, Gallenflüssigkeit etc.) sind mit methodischen Fehlern behaftet und unterliegen zudem biologischen Schwankungen und interindividuellen Unterschieden.

Die Fehlerbreite einer *Bestimmungsmethode* kann man beurteilen, wenn jeweils mehrere Messungen mit ein- und derselben Probe durchgeführt wurden, womöglich unter Zusatz eines internen Standards. Zur Beurteilung von publizierten Daten zur Pharmakokinetik ist deshalb die genaue Beschreibung des Bestimmungsverfahrens mit Angabe der methodischen Fehlerbreite eine Voraussetzung.

Zeitliche Schwankungen der individuellen Eliminationskonstanten sind in der Regel gering, es sei denn zwischen den beiden Meßreihen ereignen sich einschneidende physiologische Veränderungen des betreffenden Patienten, wie z. B. schwerere

Stoffwechselerkrankungen, Nieren- oder Leberinsuffizienz, oder das Überschreiten gewisser Altersgrenzen. Ebenso zu beachten sind zwischenzeitliche oder gleichzeitige Therapien mit anderen Medikamenten, in deren Folge durch sog. Enzyminduktion die metabolische Elimination (und damit die globale Eliminationsgeschwindigkeit bzw. die Halbwertszeit) erheblich vom Normwert abweichen kann. Diese gegenseitige pharmakokinetische Beeinflussung von Arzneistoffen verdient als *Arzneimittelwechselwirkung* ganz allgemein Beachtung in bezug auf die Reproduzierbarkeit pharmakokinetischer Daten.

Der methodische Fehler und die individuellen Schwankungen sind durch geeignete Maßnahmen ausreichend beherrschbar. Anders liegen die Dinge bei der interindividuellen Streuung pharmakokinetischer Daten. Sie unterliegen dem Gesetz der Unterschiedlichkeit von Individuen innerhalb einer Population und können bestenfalls vom Untersucher durch gezielte Auswahl der Probanden verkleinert werden. Wie auch immer, zur genauen Beschreibung der pharmakokinetischen Eigenschaften eines Medikaments müssen die Meßergebnisse statistisch abgesichert werden. In den meisten Fällen genügt die Angabe der Mittelwerte mit Standardabweichung und Vertrauensbereich.

Die wichtigste Größe in der Pharmakokinetik ist die terminale Halbwertszeit. Sie sollte für jeden Arzneistoff unter Normalbedingungen (organisch gesunde Probanden mittleren Alters) bestimmt sein. Da mit Hilfe dieser Halbwertszeit Dosierungspläne für repetitive wie für kontinuierliche Applikationen errechnet werden, ist zur Vermeidung von Therapie-Komplikationen die Kenntnis des statistischen Vertrauensbereichs gerade der terminalen $t^1/_2$ unumgänglich. Bei Wirkstoffen mit geringer therapeutischer Breite sollte sie zusätzlich für jeden Patienten eigens vor Beginn der Therapie bestimmt werden.

Man hat grundsätzlich zwei Möglichkeiten, aus den Meßdaten von Plasmaspiegeln (oder gleichwertigen Parametern) mehrerer Versuchspersonen die mittlere $t^1/_2$ mit Standardabweichung zu erhalten: Entweder man ermittelt die Einzelwerte und zeichnet aus deren Mittelwerten die Plasmaspiegel-Kurve (bzw. -Gerade) mit Standardabweichungen, oder man bestimmt die Halbwertszeit jedes individuellen Kurvenverlaufs und berechnet erst aus den daraus resultierenden Halbwertszeiten eine mittlere $t^1/_2$ mit Standardabweichung. Die Bestimmung der individuellen $t^1/_2$ mit nachträglicher Mitteilung ist dann angezeigt, wenn die einzelnen

Meßwerte eines Konzentrationsverlaufs nur wenig vom endgültigen individuellen Kurvenverlauf abweichen, obwohl sie von Individuum zu Individuum stark variieren. Oft sind dann die individuellen Halbwertszeiten trotz der unterschiedlichen Höhen der Geraden auf dem halblogarithmischen Papier nahezu identisch. Der bei gleicher Dosis und gleicher $t^1/_2$ unterschiedliche c_{po} zeigt dann einen Unterschied im Verteilungsvolumen an ($c_{po} = \frac{D}{V_D}$). Es ist leicht einzusehen, daß V_D direkt proportional dem Körpergewicht ist, weshalb V_D z. B. bei einem 100 kg schweren Patienten wesentlich größer sein wird wie bei einem von 50 kg. Für eine statistische Berechnung von $t^1/_2$ sollte deshalb entweder die Dosis in *mg pro kg Körpergewicht* angegeben werden oder man korrigiert alle Meßwerte auf ein Einheitskörpergewicht von z. B. 75 kg.

Theoretisch liegen Meßpunkte von Plasmakonzentrationsverläufen immer auf einer kontinuierlichen Linie. Weichen Meßpunkte vom kontinuierlichen Linienverlauf ab, dann ist, da es für solche Abweichungen keinen biologischen Grund gibt, entweder die gewählte mathematische Beschreibung nicht korrekt oder die Genauigkeit der Meßmethode ist unzureichend. Zwi-

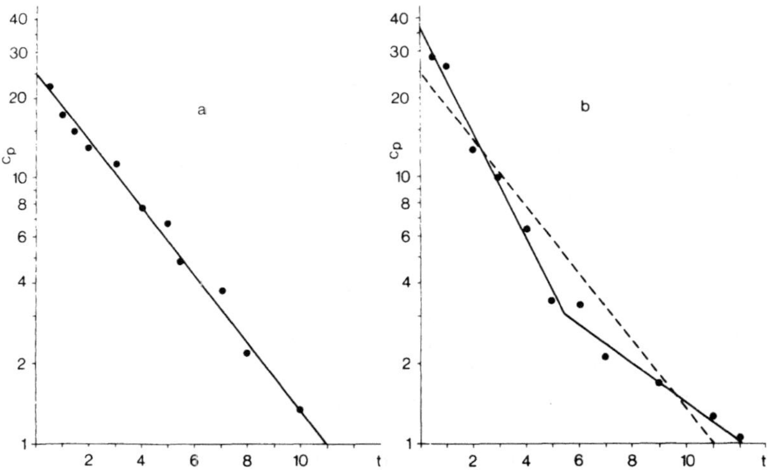

Abb. 3.11.: Verlauf eines i.v. Plasmaspiegels bei statistischer Verteilung der Meßpunkte beiderseits einer Geraden (a) und bei gerichteter Verteilung (b).

schen beiden kann man leicht unterscheiden: Eine statistische (random) Verteilung der Meßpunkte oberhalb und unterhalb der kontinuierlichen Linie weist auf fehlerhafte Messungen hin, eine gerichtete (tendenziöse) Abweichung ist in einer ungenügenden mathematischen Beschreibung begründet (Abb. 3.11.). Im letzteren Fall kann es zu erheblichen Fehlinterpretationen des Kurvenverlaufs, speziell der terminalen Halbwertszeit, und der Initialkonzentration c_{po} kommen.

Diese wenigen Betrachtungen sollten zeigen, wie wichtig es ist, daß pharmakokinetische Konstanten grundsätzlich mit Angaben zum Fehlerbereich und zum benutzten statistischen Verfahren versehen werden, mit welchem die jeweilige Konstante erhalten worden ist.

4. Arzneistoffmetabolismus (Biotransformation)

4.1. Biologische Bedeutung der Biotransformation

Die Biotransformation ist als Teil der Elimination ein wichtiger pharmakokinetischer Parameter. Ihre Geschwindigkeit ist proportional der Konstante k_e^{met}, sofern das System nicht mit Arzneistoff „gesättigt“ ist.

Mittels der Biotransformation werden ganz allgemein Fremdstoffe im Organismus biochemisch verändert. Diese enzymatischen Umsetzungen führen meist zu stärker hydrophilen Verbindungen, die vom Körper leichter durch Niere, Galle etc. ausgeschieden werden können als die Ausgangssubstanz. Hat der Fremdstoff (praktisch alle Arzneistoffe sind für den Organismus Fremdstoffe) eine biologische Wirkung, so geht diese im Zuge der Biotransformation gewöhnlich verloren. Gelegentlich zeigen die Umsetzungprodukte der enzymatischen Stufe(n) jedoch ebenfalls eine biologische Wirksamkeit, die dann qualitativ ähnlich derjenigen der Ausgangsverbindung ist. Manchmal ist sogar der Arzneistoff selbst unwirksam und wird erst im Körper durch Biotransformation in die pharmakologisch wirksame Form umgewandelt.

Kenntnisse zum Metabolismus eines Arzneistoffs sind in vieler Hinsicht von Bedeutung für das Verständnis von pharmakokinetischen Prozessen wie auch für die Interpretation des biologischen Wirkprofils eines Medikaments.

Unter Fremdstoffen oder Xenobiotika versteht man in der Pharmakokinetik alle organischen Substanzen (einschließlich Arzneistoffe), die in den Organismus eindringen oder von ihm aufgenommen werden, aber nicht als Nahrungsstoffe zum Aufbau und zur Energiegewinnung dienen. In der Mehrzahl sind Xenobiotika für den Organismus Gifte, sobald ihre Konzentration und Verweildauer eine bestimmte Toleranzgrenze überschreiten. Arzneistoffe bilden davon keine Ausnahme. Die Elimination durch Biotransformation ist mithin grundsätzlich eine Entgiftung, u. z. auch dann wenn die Konzentration des Xenobiotikums im Organismus unterhalb der Toleranzgrenze liegt.

4.2. Die beiden Phasen der Biotransformation

Die bei der metabolischen Umwandlung zum Zwecke der Entgiftung und Eliminierung von Xenobiotika ablaufenden Reaktionen lassen sich in zwei Gruppen unterteilen: in die Reaktionen der Metabolisierungs-Phase I und die der Metabolisierungs-Phase II.

In der Phase I, in der die sog. präsynthetischen Reaktionen ablaufen, wird das Fremdstoffmolekül enzymatisch oxidiert oder reduziert oder mittels Hydrolasen in kleinere Bruchstücke gespalten. Oxidation und Reduktion können darüber hinaus spontane (nicht-enzymatische) Zerfälle an der oxidativ oder reduktiv veränderten Stelle des Moleküls nach sich ziehen.

In der Phase II, die oft erst durch eine Phase I-Umwandlung des Fremdstoffmoleküls ermöglicht wird, laufen Konjugationen ab. Sie sind zum Unterschied von den Reaktionen der Phase I enzymatische Synthesen. Als Konjugationspartner dienen stets Produkte aus dem Intermediärstoffwechsel, die dem Organismus jederzeit in ausreichender Menge zur Verfügung stehen*).

Konjugationspartner des Fremdstoffmoleküls können sein: Glucuronsäure und Schwefelsäure (beides auch Bausteine der Mucopolysaccharide in den Schleimstoffen), Essigsäure, Glycin, Glutaminsäure, Glutathion, Methanol (in Form des 0-Methylrestes). Mit Ausnahme der Acetylierung und der Methylierung führen Konjugationen zu einer Erhöhung der Hydrophilie des Fremdstoffmoleküls bzw. des aus ihm in der Phase I gebildeten Metaboliten.

In der Regel laufen an einem Xenobiotikum gleichzeitig oder hintereinander mehrere der grundsätzlich möglichen Biotransformationen ab. Gesamtstruktur und physikalisch-chemische Eigenschaften des Xenobiotikums bestimmen Reihenfolge und Geschwindigkeit der Reaktionen. Dabei kann einer der Abbauwege stark bevorzugt sein, oder mehrere von ihnen laufen gleichzeitig mit ähnlichen Geschwindigkeiten ab. Das macht sich dann im Metaboliten-Muster (Metabolic Pattern) bemerkbar. Das Metaboliten-Muster verändert sich im Laufe der Zeit nach erfolgter

*) Nur in Ausnahmesituationen kommt es zu einer Erschöpfung des Nachschubs des Konjugationspartners aus dem Intermediärstoffwechsel. Dann muß die Medikation sofort abgesetzt werden.

Applikation ständig und ist zudem in Abhängigkeit von den Löslichkeiten der einzelnen Metaboliten in den verschiedenen Kompartimenten verschieden.

Im Folgenden sind einige typische Beispiele aus den Metabolisierungs-Phasen I und II von Arzneistoffen zusammengestellt.

PHASE I

Oxidationen

Hydroxylierung von Aliphaten

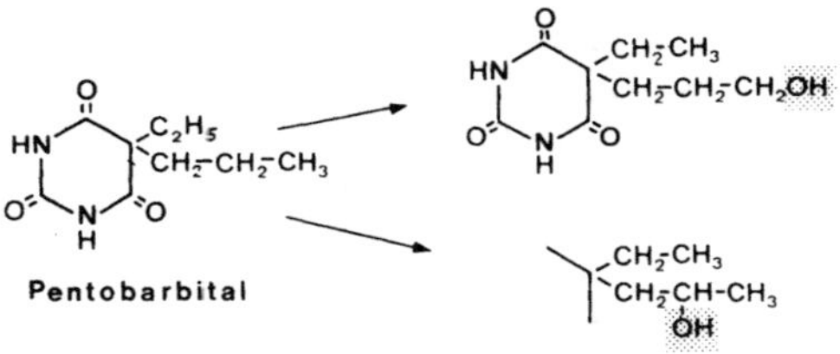

Hydroxylierung von Aromaten

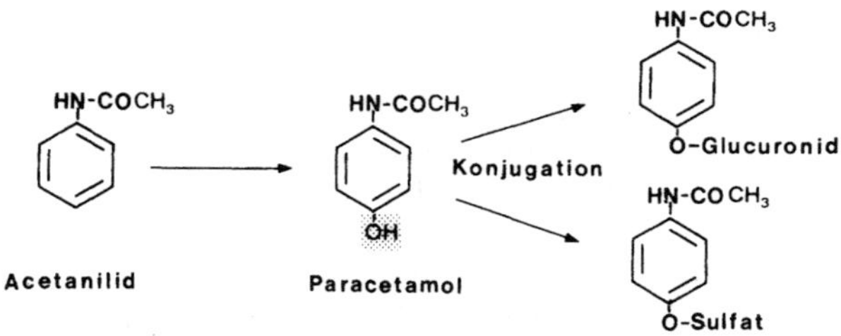

O-Desalkylierung

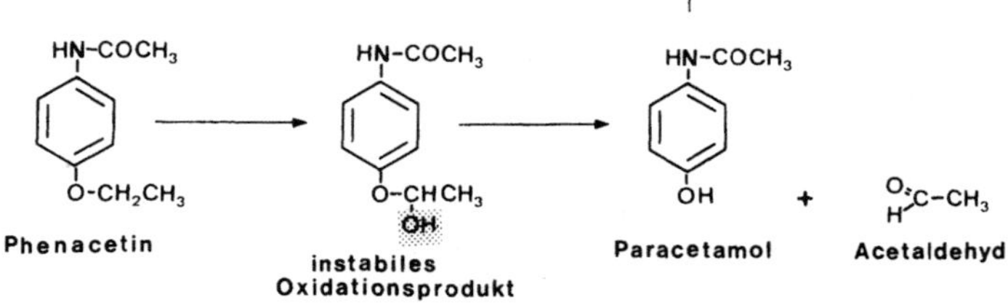

N-Desalkylierung

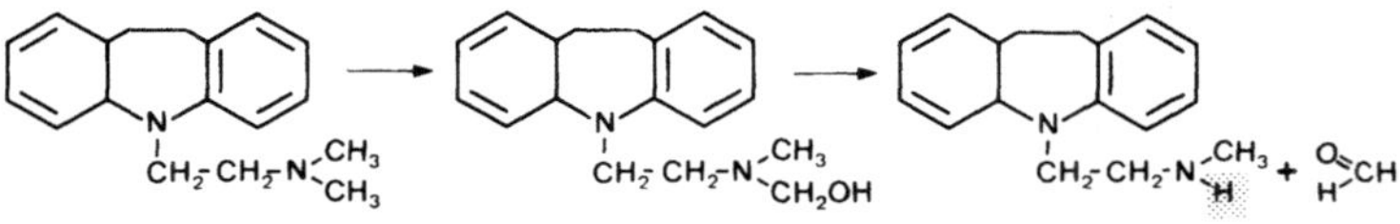

Imipramin — instabiles Zwischenprodukt — Desimipramin Formaldehyd

N-Oxidation

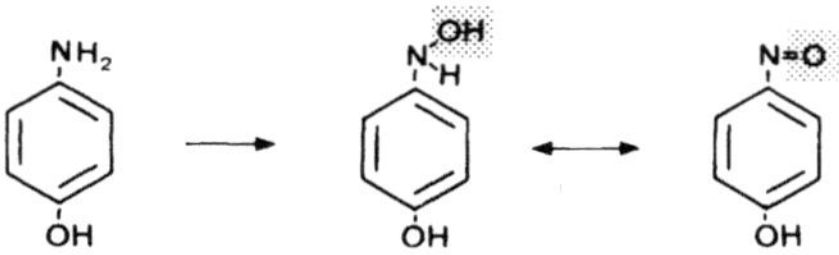

p-Aminophenol

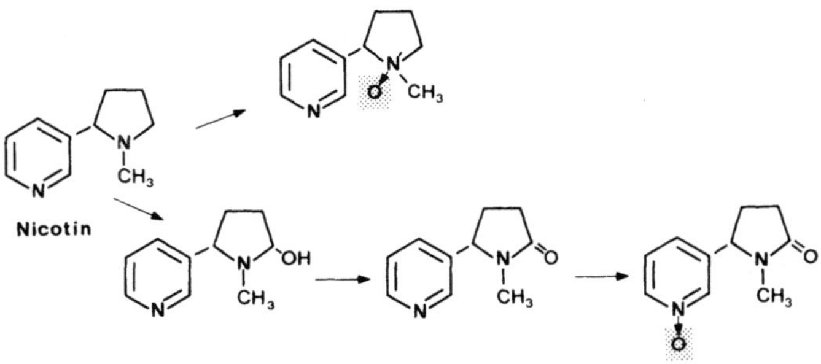

Nicotin

Sulfoxidation

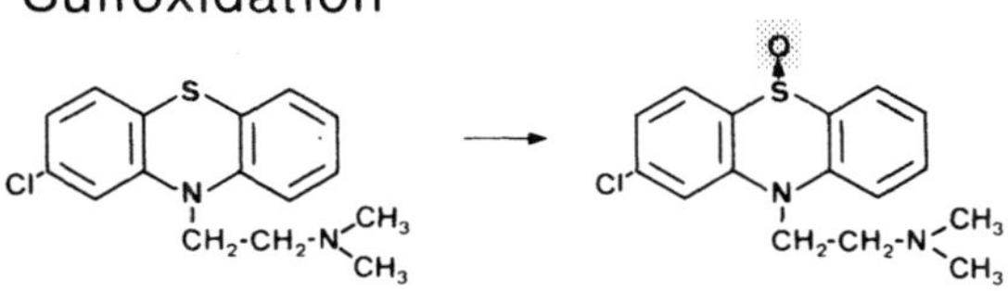

Chlorpromazin — Chlorpromazin-sulfoxid

Reduktionen

Nitroreduktion

Chloramphenicol → **"Arylamin" (toxisch)**

Hydrolysen

Esterspaltung

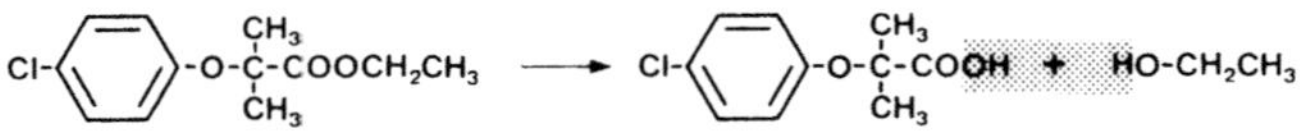

Clofibrat → **Clofibrinsäure** + **Aethanol**

Amidspaltung

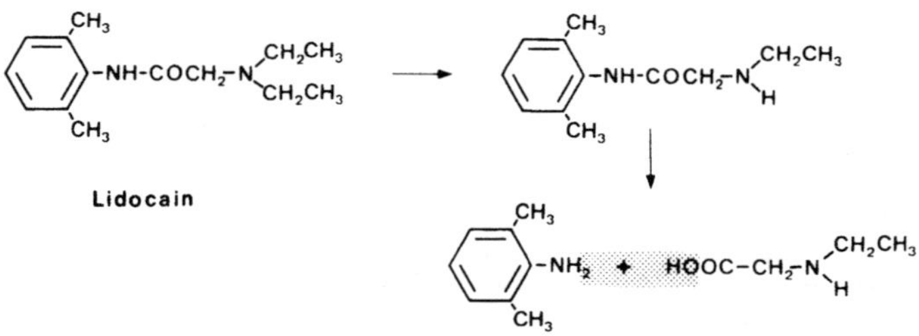

Lidocain

2,6-Xyliden + **N-Aethylglycin**

PHASE II

Glucuronidierungen

O-Glucuronide

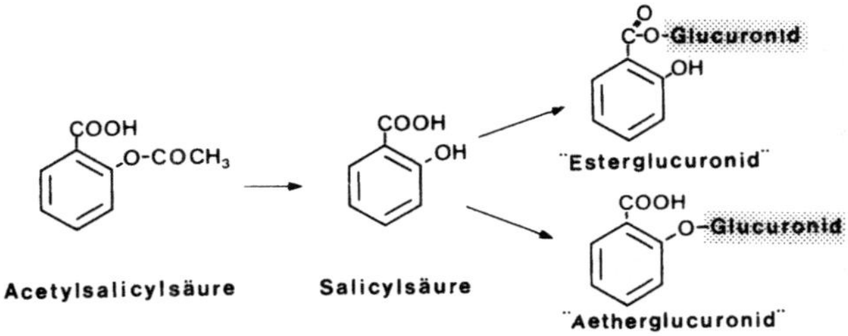

N-Glucuronide

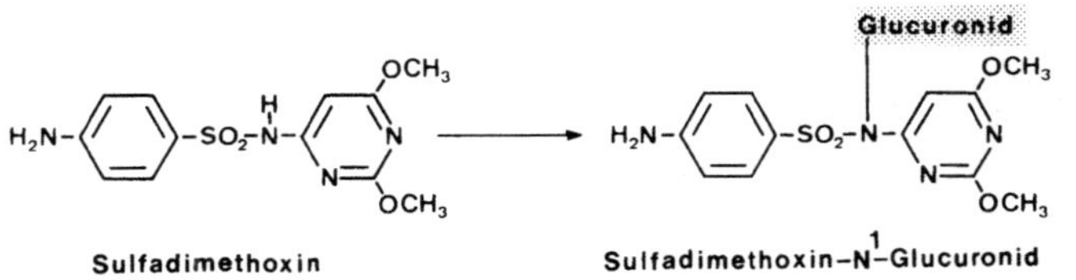

Sulfatierungen

O-Sulfate

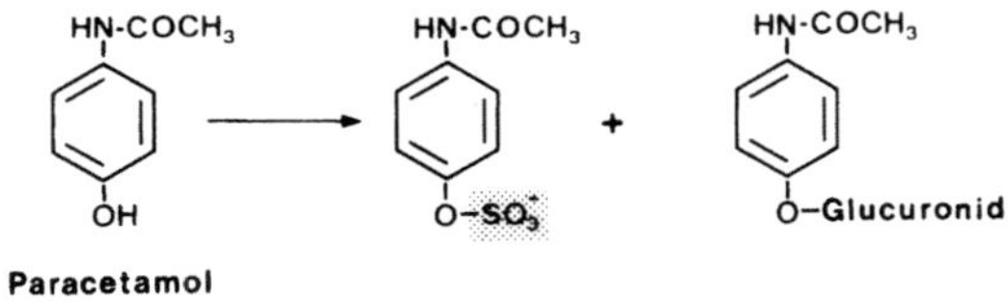

N-Sulfate

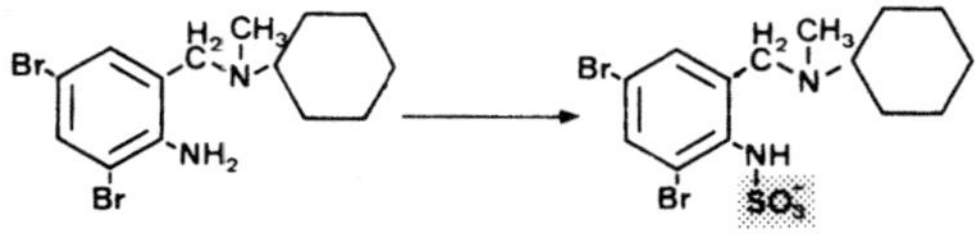

Bromhexin **Bromhexin-Sulfamat**

Konjugationen mit Glycin

Dibromanthranilsäure **Dibromanthranilursäure**

Acetylierungen

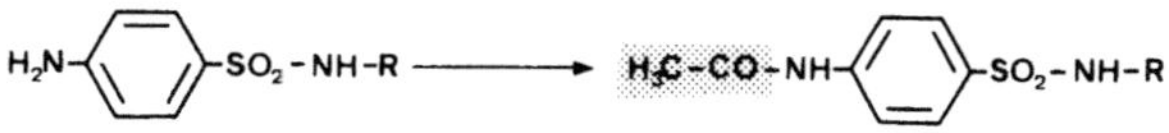

Sulfonamide **N-Acetylsulfonamide**

O-Methylierungen

L-Dopa **3-O-Methyl-L-Dopa**

4.3. Orte der Biotransformation im Organismus

Weitaus der größte Anteil der metabolisierenden Enzymaktivitäten findet sich in der Leber. Aber auch andere Organe und Gewebe weisen solche Aktivitäten auf. In speziellen Fällen können diese extrahepatischen Enzyme sogar den Hauptanteil der Metabolisierung bewerkstelligen. Besonders die Lunge verdient Erwähnung, aber auch die Niere, Gehirn, Muskelgewebe und Haut sollten nicht außer Acht gelassen werden. Dazu kommen die Metabolisierungsaktivitäten des Blutes (besonders des Blutplasmas). Von ihm ist schon lange bekannt, daß es den Hauptanteil der „unspezifischen Esterasen" (auch Pseudocholinesterasen genannt) enthält.

Die Lokalisation der weitaus stärksten Metabolisierungsaktivität gerade in der Leber erscheint biologisch sehr sinnvoll, wenn man sich die Aufgabe der hier beteiligten Enzyme vergegenwärtigt. Der größte Teil der (giftigen) Xenobiotika kommt mit der Nahrung über den Magen-Darmtrakt in den Körper. Die Blutgefäße, die die aus dem Darm resorbierten Substanzen aufnehmen, führen über die Pfortader direkt in die Leber. Dort erfolgt eine Art Filtration des mit Nahrungsstoffen und Xenobiotika beladenen Blutes, bevor es in den peripheren Kreislauf gelangt. Für Arzneimittel bedeutet dies, daß sie nach erfolgter Resorption aus dem Darm als erstes die Leber passieren müssen, wo sie bereits zu einem erheblichen Teil metabolisiert werden können. Dieses als „FIRST PASS EFFEKT" bekannt gewordene Phänomen ist für die Wirksamkeit eines Pharmakons nach oraler Applikation von Bedeutung.

In den Zellen sind die Oxidasen und Reduktasen der Biotransformation Bestandteile der Mikrosomen des endoplasmatischen Retikulums, einige der Konjugationsenzyme sind im Cytoplasma lokalisiert.

4.4. Enzyme der Phase I (Prä-synthetische Reaktionen)

4.4.1. Mischfunktionelle Oxidasen (Monooxygenasen)

4.4.1.1. C-Oxidation

Schon lange vor der erst kürzlich gelungenen Solubilisierung der mikrosomalen Biotransformationsenzyme waren die Reaktionsabläufe der Oxidation und Reduktion von Xenobiotika recht gut bekannt. Man hatte die Metabolisierung von Xenobiotika in Tieren, in isolierten Lebern und besonders an isolierten Lebermikrosomen studiert und auf diese Weise die zugrundeliegenden Mechanismen weitgehend aufgeklärt. Sie sind trotz der Fülle an Oxidations- und Reduktionsmöglichkeiten im Prinzip überraschend einfach: Betrachten wir uns das Molekül des Wassers und ersetzen eines seiner H-Atome durch den organischen Rest R

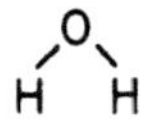

Wasser

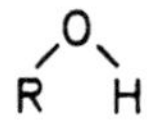

Hydroxylverbindung

Die resultierende Hydroxylverbindung ist hydrophiler als die entsprechende Verbindung ohne den Sauerstoff zwischen R und H, da sich durch die Wasserähnlichkeit der Hydroxyverbindung (sie ist sozusagen selbst schon halb Wasser) in wässrigem Milieu über physikalische Bindungskräfte Wassermoleküle anlagern. Zwischen den Rest R und dem Wasserstoff wird demnach ein Atom Sauerstoff eingeschoben

$$R-H + O \longrightarrow R-O-H \qquad (1)$$

Da jedoch Sauerstoff in der Natur nicht in atomarer Form, sondern nur als Molekül O_2 vorkommt, setzt die Oxidation eine Spaltung des O_2 in 2 O voraus. Diese Spaltung läuft nun so ab, daß mit einem O_2 immer nur ein Molekül R–H oxidiert wird. Das zweite der beiden O-Atome wird dabei zu Wasser hydriert. Diese Bildung von H_2O, die ein wenig an die Knallgasreaktion erinnert, setzt Energie frei. Der „Einschub" des Sauerstoffatoms in das Xenobiotikum-Molekül dagegen verbraucht Energie. Der Ablauf der metabolischen Oxidation – oder besser der Hydroxylierung – eines Xenobiotikums läßt sich somit in folgender einfachster Formulierung beschreiben

$$R-H + O_2 + 2H \longrightarrow R-OH + H_2O \qquad (2)$$

Es fällt auf, daß hier molekularer Sauerstoff direkt verwendet wird, während der Wasserstoff in chemisch aufbereiteter Form angeliefert wird.

Man beachte die Ähnlichkeit mit der in den Mitochondrien ablaufenden Atmungskette, bei der unter Beteiligung verschiedene Flavoproteine und Cytochrome ebenfalls aus biochemisch aufbereitetem Wasserstoff und molekularem Sauerstoff Wasser gebildet und dabei Energie (in Form von ATP) gewonnen wird.

Die Ähnlichkeit mit der Atmungskette ist nicht zufällig. Auch die in den Mikrosomen lokalisierte Xenobiotika-Oxidation wird von einer Kette aus Flavoproteinen und Cytochromen katalysiert, und der „chemisch aufbereitete“ Wasserstoff ist fast der gleiche, wie er für die Atmungskette zur Verfügung steht. Er stammt ebenfalls aus dem Citronensäurecyclus oder aus der Glycolyse. Für die Atmungskette steht er in Form von NADH (Nicotinamid-adenin-dinukleotid, reduziert), für die mikrosomale Oxidation als NADPH (reduziertes Nicotinamid-adenin-dinukleotid-phosphat) zur Verfügung. Reaktionsablauf (2) ist demnach genauer zu beschreiben mit

$$R-H + O_2 + NADPH + H^+ \longrightarrow R-OH + H_2O + NADP \quad (3)$$

Die Beteiligung eines H^+ Protons als die eine Hälfte der Wasserstoff-Lieferung bei der Bildung des Wassers ist für diese Art von Reaktionsketten typisch. Die Oxidationsreaktion (3) kann man demnach auch kurz folgendermaßen formulieren

$$O_2 + NADPH \longrightarrow HO^{(-)} + NADP + [O] \xrightarrow{R-H} R-OH \qquad HO^{(-)} \xrightarrow{H^+} H_2O \quad (3a)$$

Darin bedeutet [O] ein Sauerstoffradikal, das unter den besonderen Bedingungen der mikrosomalen Oxidation nur mit Fremdstoffmolekülen nach der oben beschriebenen Art reagiert.

Das hier zutage tretende scheinbare Paradoxon, daß nämlich für eine Oxidation Wasserstoff gebraucht wird, hat den Biochemikern, die erstmals metabolische Oxidationen mit isolierten Mikrosomen untersuchten, begreiflicherweise einiges Kopfzerbrechen bereitet. Das um so mehr, als die mikrosomale Reduktion von Xenobiotika, die doch eigentlich das Gegenteil der Oxidation darstellt, nach fast demselben Mechanismus abläuft. Der einzige ins Gewicht fallende Unterschied ist hier die Nichteinbeziehung von Sauerstoff, denn bei der Reduktion fungiert das Xenobiotikum-Molekül selbst als Sauerstofflieferant oder lediglich als Wasserstoffakzeptor.

$$R-N\begin{smallmatrix}\nearrow O\\ \searrow O\end{smallmatrix} + NADPH + H^+ \longrightarrow R-N=O + H_2O + NADP \quad (4)$$

In jedem Fall, ob Oxidation oder Reduktion, entsteht NADP [bzw. NAD bei (6)], das in den Intermediär-Stoffwechsel zurückfließt, um dort erneut Wasserstoff aufzunehmen.

$$\mathrm{R{-}N{=}O + NADPH + H^+ \longrightarrow R{-}NHOH + NADP} \qquad (5)$$

$$\mathrm{R_1{-}N{=}N{-}R_2 + \underline{NADH} + H^+ \longrightarrow R_1{-}\underset{\displaystyle H}{\underset{|}{N}}{-}\underset{\displaystyle H}{\underset{|}{N}}{-}R_2 + NAD} \qquad (6)$$

Alle diese Oxidationen und Reduktionen lassen sich im Reagenzglas durchführen, wenn man als Enzympräparation isolierte Lebermikrosomen verwendet und einige niedermolekulare Cofaktoren zusetzt, darunter ausreichende Mengen NADPH.

Eines der in den Mikrosomen enthaltenen Cytochrome (es fiel schon bei den ersten Experimenten zur Charakterisierung der mikrosomalen Oxidation besonders auf) zeigt zum Unterschied

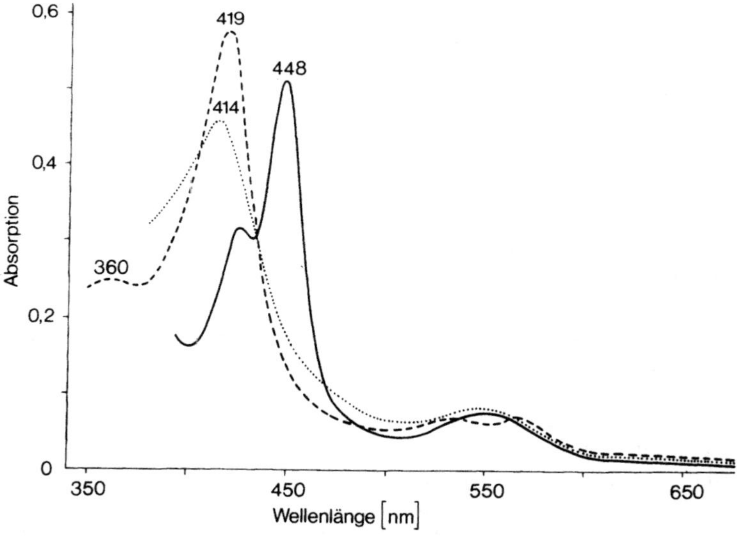

Abb. 4.1.: Absolutspektren von solubilisiertem Cytochrom P_{450} aus Leber-Mikrosomen von Ratten nach Vorbehandlung mit 3-Methylcholanthren.

— — — — oxidiert

· · · · · · · · · reduziert mit Dithionit

———— reduziert mit Dithionit + CO, pH 6,5

Aus: *B. N. La Du, H. G. Mandel* und *E. L. Way:* Fundamentals of Drug Metabolism and Drug Disposition, S. 216, William & Wilkens Co. Baltimore 1971.

von den aus der Atmungskette bekannten mitochondrialen Cytochromen im Spektralphotometer ein ganz charakteristisches Absorptionsspektrum. In seiner reduzierten Form bildet dieses Cytochrom mit Kohlenmonoxid einen Komplex, der bei 450 nm ein Absorptions-Maximum hat. Davon leitet sich der heute allgemein übliche Name Cytochrom P_{450} ab. Der Buchstabe P stammt von der ursprünglichen Bezeichnung:
„CO-bindendes Pigment“ (Abb. 4.1.).

Cyt. P_{450} ist dasjenige Enzym der mikrosomalen Oxidationskette, an welches das Xenobiotikum adsorptiv gebunden wird. Durch diese Bindung wird seine Elektronenstruktur in einer Weise verändert (Herabsetzung der Aktivierungsenergie), daß es mit dem ebenfalls an das Cyt. P_{450} adsorptiv gebundenen und damit chemisch aktivierten Sauerstoff in beschriebener Weise reagiert (Abb. 4.2.).

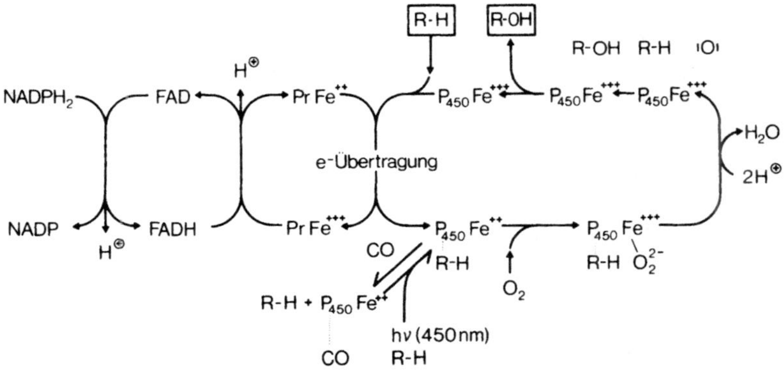

Abb. 4.2.: Mechanismus der mikrosomalen Oxidation (Hydroxylierung) eines Xenobiotikums mit Hilfe des Monooxygenase-Systems.
FAD = Flavoprotein oxidiert
$FADH_2$ = Flavoprotein reduziert
$PrFe^{+++}$ und $PrFe^{++}$ = Nicht-Häm-Ferroprotein (NADPH-Cytochrom P_{450}-Reduktase)
$P_{450}Fe^{+++}$ und $P_{450}Fe^{++}$ = Cytochrom P_{450} oxidiert bzw. reduziert
R-H = Xenobiotikum
R-OH = oxidiertes („hydroxyliertes“) Xenobiotikum = Metabolit
e = Elektron

Die Komplexbildung mit CO, die zu dem erwähnten charakteristischen Absorptionsspektrum führt, ist unabhängig von der Anwesenheit eines Xenobiotikums R-H. Am Cyt. $P_{450}Fe^{++}$ tritt

CO als Konkurrent von R-H auf. Die Ablösung von CO vom $P_{450}Fe^{++}$ wird durch Licht der Wellenlänge 450 nm katalytisch begünstigt.

Neben diesem Cytochrom P_{450}-System existiert in den Mikrosomen der Leber noch ein zweiter Xenobiotika-oxidierender Mechanismus. Er spielt quantitativ nur eine untergeordnete Rolle, kann aber physiologisch Bedeutung erlangen, wenn das NADPH-abhängige Cyt. P_{450}-System erschöpft ist. Diese „Reserve-Rolle" des zweiten Weges der mikrosomalen Oxidation wird dadurch deutlich, daß hier als Wasserstoff-Donator nicht NADPH, sondern NADH fungiert, also eine von NADPH unabhängige Wasserstoffquelle. Die Übertragung der Reduktionskapazität von NADH auf das Cyt. P_{450} geschieht mittels eines vom NADPH unabhängigen Cyt. P_{450}-Reduktase-Systems. Wie jenes enthält das NADH-spezifische System ein Flavoprotein, das jedoch in seiner Proteinstruktur von dem NADPH-spezifischen verschieden ist. Noch auffälliger ist der Unterschied in der Cyt. P_{450}-Reduktase selbst. Im NADH-spezifischen System ist es ein eisentragendes Hämoprotein. Man hat ihm die Bezeichnung Cytochrom b_5 gegeben, um seine strukturelle Ähnlichkeit mit anderen Cytochromen zu demonstrieren. Dieses ebenfalls mikrosomale Cyt. b_5 ist genau wie das Nicht-Häm Ferroprotein des NADPH-abhängigen Systems in der Lage, ein Elektron auf das R-H beladene Cyt. P_{450} zu übertragen und damit die Oxidation von R-H einzuleiten.

Wenn man von „Reserve-Rolle" des NADH-abhängigen Cyt. P_{450}-Reduktase-Systems spricht, impliziert man die Möglichkeit einer (zeitweiligen) Erschöpfung des NADPH-abhängigen Systems. Sie tritt nicht durch (oder bei) Mangel an NADPH ein, das in vivo stets im Überschuß angeliefert wird. Eine Verknappung an Reduktionskapazität ist vielmehr der relativ begrenzten Menge von NADPH-abhängigen Flavoprotein zuzuschreiben. Man hat herausgefunden, daß in Lebermikrosomen nur jeweils ein Molekül Flavoprotein auf etwa 20 Moleküle Cyt. P_{450} kommt.

Das in den Lebermikrosomen fungierende Monooxygenase-System zur Oxidation von Fremdstoffmolekülen kann in seiner Gesamtheit in einem einfachen Schema zusammengefaßt werden,

$$\begin{array}{l} \text{NADPH} \xrightarrow{H} \text{FpI} \xrightarrow{e} \text{Prot. Fe} \\ \text{NADH} \xrightarrow{H} \text{FpII} \xrightarrow{e} \text{Cyt. } b_5 \end{array} \Big\rangle \text{Cyt. } P_{450} \qquad (7)$$

wobei Fp I und Fp II für die beiden unterschiedlichen Flavoproteine stehen.

Schema (7) basiert auf dem Postulat, die mikrosomale Oxidation von Xenobiotika geschehe *am* Cytochrom P_{450}. Das ist nicht völlig korrekt. Man weiß seit einigen Jahren, daß es in den Lebermikrosomen nicht nur ein *(das)* Cyt. P_{450} gibt, sondern mehrere, die allerdings sehr ähnlich sein müssen. Erste Vermutungen über eine multiple Form des Cyt. P_{450} kamen bei biochemischen Untersuchungen zur sog. Enzyminduktion von Monooxygenasen auf (siehe Kapitel 4.6.). Unter normalen Lebensbedingungen überwiegt möglicherweise eines von ihnen. Tritt eine außergewöhliche Situationen ein bezüglich der Aufgabe, größere Mengen von Xenobiotika bestimmter Strukturklassen zu oxidieren, so wird kurzfristig der Gehalt der Mikrosomen an „Cyt. P_{450}" vermehrt, wobei je nach chemischer Natur des neuen Xenobiotikums die zusätzliche Biosynthese unterschiedlicher Typen von Cytochrom P_{450} induziert werden kann. Sie alle haben ähnliche, aber nicht identische Absorptionsspektren ihrer Komplexe mit CO oder mit anderen ausgewählten Verbindungen. Die Forschungen zur näheren Charakterisierung und - wenn möglich- zur Isolierung dieser verschiedenen P_{450}-Cytochrome sind noch nicht abgeschlossen.

Bis vor kurzem war man bei Untersuchungen zum Mechanismus der Xenobiotika-Oxidation am Cytochrom P_{450} auf die Verwendung von Mikrosomen aus dem endoplasmatischen Retikulum angewiesen. Nur in diesen partikulären Präparationen funktionierte die Fremdstoffumsetzung entsprechend den in Abb. 4.2. und Schema (7) aufgezeigten Reaktionsabläufen. Hat man die Mikrosomen z. B. mit Hilfe von Detergenzien solubilisiert und nachfolgend die einzelnen Komponenten zu reinigen versucht, so ging die Fähigkeit zur Fremdstoff-Oxidation der wieder vereinigten Enzyme völlig verloren. Schließlich fand man heraus, daß bei den Versuchen zur Isolierung eine bis dato unbeachtet gebliebene Komponente des Monooxygenase-Systems abgetrennt worden war: Phospholipide. Setzte man den solubilisierten, gereinigten und vereinigten Enzymen Phosphatidylcholin zu, so wurde die ursprüngliche Aktivität teilweise wieder hergestellt. Die Funktion des Phospholipids im Monooxygenasesystem ist noch nicht bekannt. Man diskutiert zweierlei Aufgaben: Phosphatylcholin komplexiert vornehmlich mit den hydrophoben Gruppen der aromatischen Aminosäuren (z. B. Phenylalanin) und trägt so zur Stabilisierung der für die biologische Aktivität erforderlichen Tertiärstruktur des Cyt. P_{450} bei. Ebensogut mag das Phospholipid als Teil des „Lipo"proteins die Bindung (Adsorption) des Fremdstoffmoleküls an das Enzym erleichtern oder gar bewerkstelligen. Für letztere Möglichkeit spricht die schon mehrfach erwähnte hochgradige Unspezifität des Cytochrom P_{450} in bezug auf die Struktur des Fremdstoffmoleküls.

In Abb. 4.2. ist gezeigt, wie sowohl das Fremstoffmolekül R-H wie auch der molekulare Sauerstoff an das Cyt. P_{450} gebunden wird, bevor beide miteinander zum Hydroxy-Metaboliten reagieren und dabei durch Einfangen zweier Protonen (H^+) Wasser entsteht. Die Bindung an das Cyt. P_{450} setzt die Aktivierungsenergie der Reaktionspartner herab, indem Atombindungen in den Molekülen gelockert werden. Aber nicht nur in den Substratmolekülen treten während des Bindungsvorgangs Elektronenverschiebungen ein, auch das Cyt. P_{450} selbst erfährt Veränderungen seiner Elektronenstruktur, die sich wegen der beteiligten π-Elektronen der konjugierten Doppelbindungen des Häms als Verschiebungen in dessen Absorptionsspektrum manifestieren.

Als Ferroprotoporphyrin besitzt das Häm des Cyt. P_{450} ein für diese Verbindungsklasse typisches Absorptionsspektrum im sichtbaren Bereich mit einem Maximum bei 420 nm. Im nativen, d. h. enzymatisch aktiven Cyt. P_{450} ist infolge des angelagerten Phospholipids dieses Absorptionsmaximum nach 440 nm hin verschoben und man erkennt ein ausgeprägtes Minimum bei 390 nm. Dieses Absorptionsspektrum nun verändert seine Form in charakteristischer Weise, wenn Kohlenmonoxid oder ein Fremdstoffmolekül gebunden wird.

Spektralverschiebungen dieser Art sind experimentell nicht einfach zu ermitteln, weil die Enzympräparation außer Cyt. P_{450} in der Regel eine Menge weiterer im sichtbaren Bereich absorbierender oder lichtstreuender Komponenten bzw. Verunreinigungen enthält. Von ihnen wird das Spektrum des Cyt. P_{450} meist so stark überlagert, daß es selbst gar nicht erkannt werden kann. Nur mit stark gereinigten Präparationen von Cyt. P_{450}, die unter großem experimentellem Aufwand erhalten werden, läßt sich dessen *Absolut-Spektrum* ermitteln. Grundsätzlich sind mit einem derart gereinigten Enzym auch Spektralverschiebungen als Folge einer Bindung von CO oder Fremdstoffen meßbar.

Abgesehen von den technischen Schwierigkeiten seiner Darstellung hat ein isoliertes, d. h. „spektral reines" Cyt. P_{450} den Nachteil, daß es sich – aus seiner natürlichen molekularen Umgebung herausgerissen – beim Bindungsvorgang anders verhält als wenn es im nativen Verbund mit den an der Fremdstoff-Oxidation beteiligten anderen Komponenten vorliegt. Genaue Aussagen über die Verschiebung des Absolutspektrums bei Fremdstoff-Zusatz sind hier deshalb nur bedingt möglich.

Experimentell sehr viel einfacher zu ermitteln sind Spektralverschiebungen am Cyt. P_{450} über *Differenzspektren.* Diese zeichnen sich zudem dadurch aus, daß sie die biologischen Gegebenheiten sehr viel besser erfassen als die über das gereinigte Enzym erhaltenen Absolutspektren.

Bei der Beschreibung eines Differenzspektrums hat das Absolutspektrum, sei es das vom gereinigten Enzym oder von einem nicht definierten oder definierbaren Gemisch, keine Bedeutung. Nur die *Veränderung des Spektrums,* in unserem Fall verursacht durch Zusatz des Fremdstoffs, wird registriert. Die Veränderung der Absorption (Δ abs.) kann, in

Abhängigkeit von der Wellenlänge, positiv oder negativ sein. Definitionsgemäß ist das Differenzspektrum dann überall Null, wenn man die Absolutspektren zweier identischer Proben vergleicht. Kleinste Veränderungen an einem der beiden resultieren indes in einem erkennbaren Differenzspektrum.

Experimentell bedient man sich für solche Untersuchungen nicht der nacheinander folgenden Aufzeichnung der beiden Absolutspektren, sondern man benutzt ein Doppelstrahl (engl. douple-beam)-Spektralphotometer, welches direkt das Differenzspektrum aufzeichnet:

In Vergleichs- und Probeküvette kommt zunächst die vollständige Enzympräparation und man stellt die Null-Linie auf ein beliebiges Niveau ein. Nun wird der Probenküvette eine kleine Menge der zu untersuchenden Fremdstofflösung zugesetzt, die Vergleichsküvette erhält das gleiche Volumen reines Lösungsmittel. Nach einer angemessenen Inkubationszeit wird das Spektrum der Probe aufgenommen. Es stellt direkt das Differenzspektrum dar.

Unter Verwendung einer rohen Mikrosomenfraktion aus Rattenleber und Einleitung von Kohlenmonoxid in die Probeküvette war auf diese Weise *Klingenberg* 1958 erstmals der Nachweis eines Cytochroms gelungen, das ein von den damals bekannten Cytochromen unterschiedliches CO-Komplex-Spektrum hatte. Weil das Maximum des Differenzspektrums mit CO bei 450 nm lag, nannte er es „Pigment 450" oder kurz P_{450}. *Klingenberg* erkannte, daß es sich um das von ihm und anderen schon länger gesuchte Enzym der Oxidation von Fremdstoffen an den Mikrosomen handeln mußte.

Aus dem in Abb. 4.2. gezeigten molekularen Mechanismus der Fremdstoff-Oxidation läßt sich leicht erkennen, warum auf die Entdeckung des Cytochrom P_{450} recht schnell eine ganze Reihe wichtiger Erkenntnisse zu diesen Reaktionen gewonnen werden konnten. CO kann nämlich aus seinem Komplex mit Cyt. P_{450} durch Xenobiotika verdrängt werden bzw. die Bindung von CO wird durch Anwesenheit von Xenobiotika in genügend hohen Konzentrationen kompetitiv verhindert. Solche Komplexe von Cyt. P_{450} mit Xenobiotika zeigen ebenfalls charakteristische Differenzspektren, die sich jedoch, jeweils für bestimmte Substanzgruppen typisch, von dem des CO-Komplexes deutlich unterscheiden.

Man kennt bis heute drei Typen von Differenzspektren mit Xenobiotika. Typ I ist charakterisiert durch ein Minimum im Bereich 418–427 nm und einem Maximum im Bereich 385–390 nm. Man erhält es bei Komplexierung von oxidiertem Cyt. P_{450} z. B. mit Aminopyrin, Hexobarbital oder Chlorpromazin. Differenzspektren vom Typ II haben einen Peak im Bereich 425–435 nm und ein Minimum zwischen 390 und 405 nm. Zu ihnen zählen z. B. die von Anilin, Pyridin und Nicotin (Abb. 4.3.). Ein dritter Typ (III) schließlich wurde für die Bindung von Cyt. P_{450} mit der Substanz Piperonylbutoxid beschrieben.

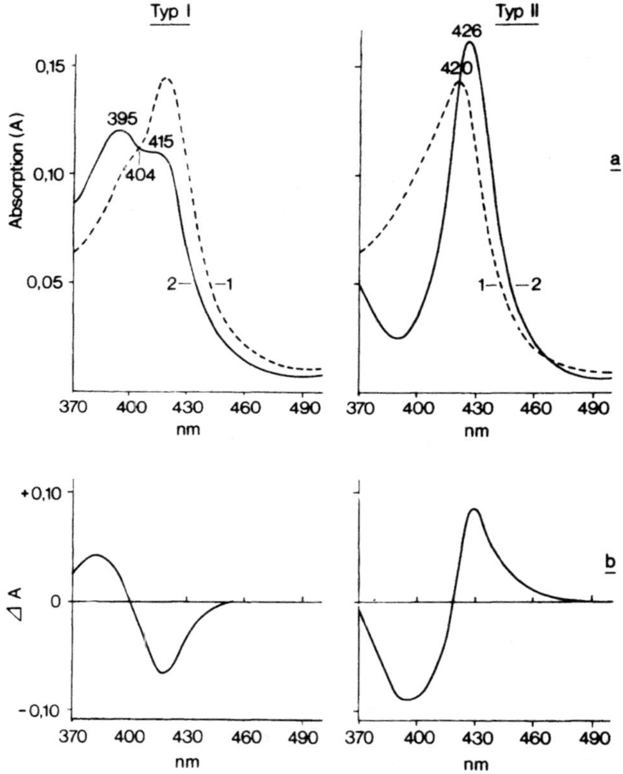

Abb. 4.3.: Absolut- (a) und Differenz-Spektren (b) von Cytochrom P_{450} in Kaninchenleber-Mikrosomen nach Inkubation mit Substanzen vom Typ I (Hexobarbital, Aminopyrin, Chlorpromazin) oder Typ II (Anilin, Nicotin, Acetanilid). Nach *B. Testa* und *P. Jenner:* Drug Metabolism S. 297, Marcel Dekker Inc. 1976.

Aus den Spektral-Daten für Typ I und II kann man erkennen, daß sich bei Anwesenheit von Substanzen beider Gruppen die Differenzspektren gegenseitig aufheben, wenn ebensoviele Moleküle des Cyt. P_{450} mit der Substanz der Gruppe I wie mit der der Gruppe II komplexieren. Es sollte deshalb auch Substanzen geben, die beide typischen Strukturelemente tragen und infolge dessen ebenfalls ein in sich aufgehobenes Differenzspektrum ergeben. Man kennt eine Reihe von Fremdstoffen, deren Bindungs-Spektren zwischen Typ I und II liegen, wie Acetanilid und Rotenon. Die Interpretation solcher Zwischenspektren als Ausdruck einer

Bindung über beide Strukturelemente bedarf jedoch noch einer genaueren Prüfung. Es gibt nämlich starke Hinweise dafür, daß in ein und derselben Mikrosomenpräparation mehrere verschiedene Arten Cytochrom P_{450} enthalten sein können, die alle dasselbe CO-Bindungsspektrum haben aber jeweils nur Substanzen des einen oder anderen Typs binden. So läßt sich bei Versuchen zur Charakterisierung eines „Mischspektrums" schwer entscheiden, ob es der Bindung des Xenobiotikums an nur eines der vorhandenen Cytochrome zuzuschreiben ist oder lediglich eine Überlagerung der an sich „reinen" Spektren von zwei oder mehrern Cytochromen darstellt. Erst die Isolierung der einzelnen Enzyme und getrennte Bindungsstudien mit ihnen wird hier Klarheit bringen können.

Weitere Hinweise für die Heterogenität des Cytochrom P_{450} in Lebermikrosomen brachten Versuche mit Inhibitoren der Fremdstoff-Oxidation. Zu ihnen zählen neben CO z. B. Metyrapon, Tetrahydrofuran, Naphthoflavon, das unter der Firmenbezeichnung SKF 525 A bekanntgewordene 2-Diäthylaminoäthyl-2,2-diphenylvalerat und das 2,4-Dichlor-6-phenylphenoxyäthylamin (DPEA). Außer Kohlenmonoxid, das jedwede Fremdstoffoxidation hemmt, zeigen alle diese Inhibitoren eine gewisse Gruppenspezifität. So wird durch SKF 525A nur die Oxidation von Verbindungen des Typs I inhibiert (Aminopyrin, Phenobarbital), nicht aber die vom Typ II (Nicotin, Anilin, Acetanilid).

Derartige Spezifitäten in der Hemmung, für die als Angriffspunkt in allen Fällen das Cyt. P_{450} nachgewiesen werden konnte, sind nur erklärbar, wenn man am Häm zwei verschiedene Bindungsstellen für Fremdstoff-Moleküle annimmt oder wenn verschiedene Cytochrome des P_{450}-Typs im Mikrosom vorliegen. Da bisher nichts für erstere Annahme spricht, dürfte es sich in bezug auf die Hemmungsspezifität um verschiedene Cytochrome P_{450} in ein und derselben Mikrosomen-Präparation handeln. Sie sind vermutlich nicht auf unterschiedliche Strukturen des beteiligten Häms sondern vielmehr auf Unterschiede im Proteinanteil des Enszyms zurückzuführen. Dafür gibt es genügend Hinweise. So hat man z. B. bei Induktion der de novo Synthese von Cyt. P_{450} durch eine Reihe von Xenobiotika fast die gleichen Gruppenspezifitäten beobachtet wie bei der eben beschriebenen Hemmung (siehe auch Kapitel 4.6.).

Die Inhibierung des Monooxygenase-Systems durch Fremdstoffe kann kompetitiv oder nicht-kompetitiv sein. Über die Gründe so uneinheitlicher Hemmungskinetiken weiß man noch wenig. Eine Erklärung scheint in der Doppelnatur mancher der benutzten Inhibitoren zu liegen: Sie können gleichzeitig kompetiver Inhibitor und kompetives Substrat sein. Das heißt, sie werden einerseits unverhältnismäßig fest an das aktive Zentrum des Enzyms gebunden, unterliegen aber andererseits selbst einer, wenn auch langsameren enzymatischen Umsetzung (hier Oxidation), als das kompetitiv verdrängte Substrat.

4.4.1.2. N-Oxidation

Einen Sonderfall bei der mikrosomalen Fremdstoff-Oxidation bilden die sog. *N-Oxidasen.* Es war schon sehr früh aufgefallen, daß mikrosomale Oxidationen nicht nur an den Kohlenstoffatomen, sondern ebenso an Stickstoffatomen von Xenobiotika ablaufen können. Beeindruckt von dieser Unspezifität der Oxidasen nahm man zunächst denselben Mechanismus wie bei der C-Oxidation an. Später hat sich dann jedoch herausgestellt, daß dem nicht so sein kann.

Oft ist nämlich das Verhältnis N-Oxidation/C-Oxidation nach erfolgter Enzym-Induktion ein anderes als vorher. Durch eine Gruppe von Xenobiotika wird die Synthese von Monooxygenasen induziert, die vornehmlich am N eines Fremdstoffmoleküls oxidieren, durch andere die Synthese von vornehmlich C-oxidierenden Enzymen.

Mit der Entdeckung der unterschiedlichen Induzierbarkeit von N- und C-Oxidasen war die Komplexität dieses Systems jedoch noch immer nicht voll erkannt. Man fand schließlich eine weitere oxidierende Komponente, die ohne Cyt. P_{450} funktionierte. Bei ihr scheint die N-Oxidation von einem hochmolekularen Flavoprotein bewerkstelligt zu werden.

Gemeinsam benötigen alle bisher beschriebenen N-Oxidasen wie die C-Oxidasen NADPH und molekularen Sauerstoff.

4.4.1.3. Nitro-Reduktion

Die Monooxygenasen der Lebermikrosomen sind nicht nur zur Oxidation von Xenobiotika, sondern – scheinbar paradoxerweise – auch zu gewissen Reduktionen in der Lage. Gemeint ist die Reduktion von Nitrogruppen zu den entsprechenden Aminoverbindungen. Unter den Arzneistoffen dürften dafür die Nitroreduktion von Chloroamphenicol und die von Nitrofuranen die bekanntesten Beispiele sein.

Im Reagenzglas funktioniert die Nitroreduktion solcher Fremdstoffmoleküle nur unter streng anaeroben Versuchsbedingungen. Für die Reaktion muß das vollständige Monooxygenase-System und NADPH vorhanden sein. Daraus hat man den Schluß gezogen, daß bei der Nitroreduktion die Nitrogruppe anstelle des molekularen Sauerstoffs vom Cyt. P_{450} gebunden wird. Die auf diese Weise aktivierte Form würde dann von einem Elektron und dem zur Verfügung stehenden H^+ zunächst zur Nitrosoverbindung reduziert:

$$R\text{-}N{\overset{O}{\underset{O}{\lessgtr}}} + e \longrightarrow R\text{-}N{\overset{O^{(-)}}{\underset{O}{\lessgtr}}} + 2H^+ + e \longrightarrow R\text{-}N{=}O + H_2O$$

Für eine solche Identität der Nitroreduktase mit dem Cyt. P_{450} sprechen einige interessante Beobachtungen. So hemmt z. B. Carbonmonoxid auch die mikrosomale Nitroreduktion, und Phenobarbital induziert ihre *de novo* Synthese. Die Reduktion der Nitro- zur Nitrosogruppe stellt allerdings nur ein Drittel des Weges dar von der Nitro- bis zur Amino-Verbindung. Ob auch die Reduktion der Nitroso- zur Hydroxylaminverbindung am Cyt. P_{450} erfolgt, ist noch offen.

Nach unserem heutigen Wissen ist die Nitroreduktase-Aktivität nicht ausschließlich an den Mikrosomen lokalisiert. Offenbar ist auch das Cytosol der Leberzellen zur Reduktion von Nitroverbindungen in der Lage. Außer, daß das dafür verantwortliche Enzym (oder Enzymsystem) wie Cyt. P_{450} durch SKF 525A inhibiert wird, weiß man darüber noch recht wenig.

4.4.2. Azoreduktase

Lebermikrosomen enthalten neben den mischfunktionellen Oxidasen ein NADPH-abhängiges Enzymsystem, das unter anaeroben Versuchsbedingungen in Fremdsubstanzen Azobindungen reduziert. Dieses Azoreduktase-System hat geschichtliche Bedeutung erlangt: Mit der Feststellung, daß der Azofarbstoff Prontosil nur in vivo eine antibakterielle Wirkung hat, wurde in den 30er Jahren die Ära der Chemotherapie bakterieller Infektionen eingeleitet. Man erkannte bald, daß nicht das Prontosil an sich, sondern das durch reduktive Spaltung der Azobindung freigesetzte Sulfanilamid das Wachstum der Bakterien hemmt. Bemerkenswerterweise kommt das Azoreduktase-System nicht nur an Lebermikrosomen gebunden im Säugetierorganismus vor sondern auch in den Bakterienzellen selbst.

Ob ein Sulfanilamid-enthaltender Azofarbstoff in vivo oder in vitro antibakteriell zur Wirkung kommt, hängt somit davon ab, ob er durch Resorption zu den Lebermikrosomen bzw. durch Penetration der Bakterienzellwand an die Azoreduktase der Bakterienzelle gelangt, um dort wie hier zum Wirkstoff abgebaut zu werden.

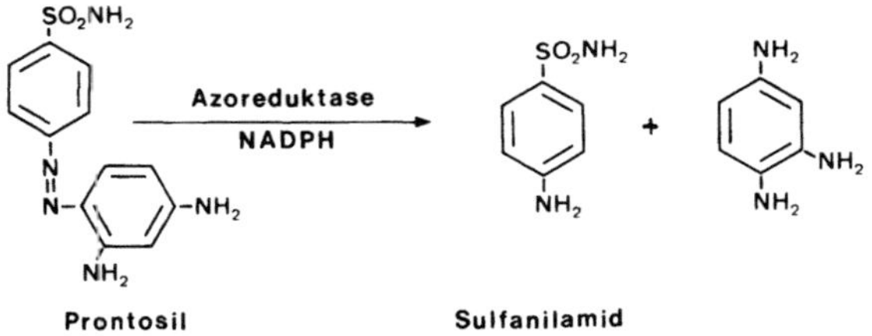

Die Azoreduktase liegt in den Leberzellen wahrscheinlich nicht nur in mikrosomaler Form vor. Sie ist – in löslicher Form – auch im Cytosol gefunden worden. Über den molekularen Mechanismus der Azoreduktion ist noch wenig bekannt.

4.4.3. Hydrolasen

Die Fähigkeit des Organismus zum hydrolytischen Abbau von Xenobiotika hat für die Biotransformation von Arzneistoffen große Bedeutung. Formal sind diese Hydrolysen zu unterteilen in die von Estern (Carbonsäure-, Schwefelsäure-, Glucuronsäure-, Phosphorsäureester), Amiden und Äthern. Die dafür verantwortlichen Enzyme sind jeweils spezifisch für die entsprechende Bindung aber weitgehend unspezifisch im Hinblick auf den Rest des Moleküls.

Die Hydrolyse von Carbonsäureestern wird von der sog. Pseudocholinesterase bewerkstelligt, die hauptsächlich im Blutplasma und in der Darmmucosa lokalisiert ist. Das Enzym hat diesen Namen von seiner Eigenschaft, das Muskelrelaxans Succinylcholin relativ rasch zu spalten und damit unwirksam zu machen. Die Pseudocholinesterase ist nicht zu verwechseln mit der an den Nervenendplatten funktionierenden Cholinesterase. Da die Pseudocholinesterase zudem kein einheitliches Enzym ist, spricht man besser von der Gruppe der unspezifischen Esterasen.

Die anderen Esterasen spielen im Arzneistoffmetabolismus nur eine untergeordnete Rolle und werden daher hier nicht näher behandelt. Dagegen sind die Amidasen von erheblicher Bedeutung. Ein bekanntes Beispiel ist die rasche Inaktivierung des

Antiarhythmikums Xylocain (Lidocain). Amidasen sind hauptsächlich im Cytosol der Leberzelle lokalisiert.

4.5. Enzyme der Phase II (Konjugationsenzyme)

4.5.1. Allgemeines

Konjugationen von Xenobiotika sind energieverbrauchende Synthesen. Zwar entsteht dabei schlußendlich durch Freisetzung von H und OH stets Wasser, aber die Bildungsenergie von Wasser ist kleiner als die Bindungsenergie des entstandenen Konjugats. Deshalb können sich Konjugate weder spontan noch enzymatisch allein aus den Konjugationspartnern bilden. Immer muß einer der Konjugationspartner in einer chemisch aktivierten Form vorliegen. Diese Rolle fällt – mit wenigen Ausnahmen – dem aus dem intermediären Stoffwechsel stammenden Konjugationspartner zu.

Für die Synthese von Xenobiotika-Konjugaten aus Fremdstoffmolekül und energetisch aktiviertem Partner werden Enzyme gebraucht, die bezüglich der Struktur des zu konjugierenden Fremdstoffs möglichst unspezifisch sind. Ihrer Funktion entsprechend zählen solche Enzyme zu der Gruppe der Transferasen („Übertragungsenzyme“) weil sie das Molekül des jeweiligen natürlichen Konjugationspartners vom Energieträger (meist ein Nukleotid-diphosphat) auf das Fremdstoffmolekül bzw. einen seiner Metaboliten übertragen.

Es kann vorkommen, daß die für die Konjugierung eines in höheren Dosen verabreichten Arzneistoffs erforderliche Menge an energiereichem Konjugationspartner im Organismus nicht rasch genug zur Verfügung gestellt werden kann. Dann wird er wichtigen Konjugationen im Intermediärstoffwechsel zugunsten der Fremdstoff-„Entgiftung“ entzogen. Wegen dieser (seltenen) Fälle, wo der Nachschub von Konjugationspartner im Organismus nicht voll funktioniert, ist seine Synthese auch im Sinne des Fremdstoffmetablismus von erheblicher Bedeutung.

4.5.2. Konjugation mit Glucuronsäure

Der Konjugationspartner des Fremdstoffmoleküls ist hier Uridindiphosphat-α-D-Glucuropyranosid (UDP-Glucuronsäure). Es entsteht aus Uridindiphosphat-α-D-Glucopyranosid (UDP-Glucose) durch Dehydrierung, nicht etwa aus Glucuronsäure plus Uridindiphosphat:

Glucose-1-phosphat + Uridintriphosphat (UTP) →
→ UDP-α-D-Glucose + PP_i

UDP-α-D-Glucose + 2 NAD + H_2O $\xrightarrow{\text{Dehydrogenase}}$
UDP-α-D-Glucuronopyranosid + 2 NADH + 2 H^+

Die Glucuronsäure-Übertragung auf das Fremdstoffmolekül verläuft dann unter Bildung des Glucuronids und Uridindiphosphat:

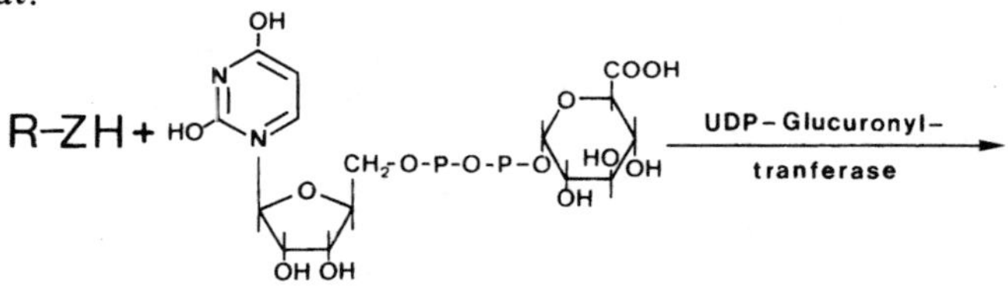

UDP-α-D-glucopyranosid

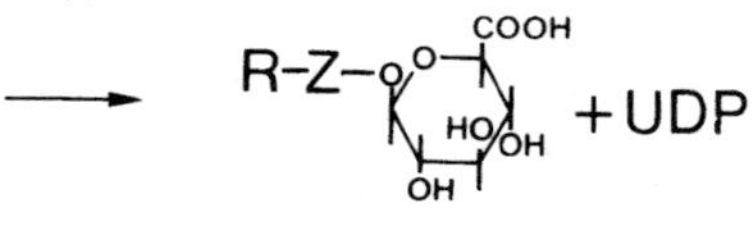

R-β-D-glucuronid

Bei der Übertragung der Glucuronsäure von UDP auf das Fremdstoffmolekül erfolgt Konfigurationsumkehr von einer α- in eine β-Glycosidbindung, was einer bei Glycosidsynthesen allgemeinen Regel entspricht.

Das Enzym UDP-Glucuronyltransferase ist wie die Enzyme der mischfunktionellen Oxidation in (oder an) den Mikrosomen des endoplasmatischen Retikulums vornehmlich der Hepatocyten lokalisiert. Ähnlich wie beim Cytochrom P_{450} scheint auch bei der UDP-Glucuronyltransferase die Notwendigkeit zur möglichst geringen Substratspezifität durch multiple Formen des Enzyms gewährleistet zu sein. So hat man Hinweise dafür, daß z. B. das O-Glucuronid bildende und das N-Glucuronid bildende Enzym nicht identisch sind.

Auch die O-Glucuronisierung von ortho- und von para-Aminophenol scheint von verschiedenen Enzymen katalysiert zu werden, von welchen jedes für sich wiederum ein breites Spektrum anderer Substrate akzeptiert. Das Bilirubin glucuronisierende Enzym wiederum ist von beiden verschieden.

4.5.3. Konjugation mit Schwefelsäure

Die Konjugation mit Schwefelsäure, die in erster Linie Phenole, aromatische Amine und Hydroxysteroide in eine hydrophile Ausscheidungsform überführt, bedient sich des 3'-Phosphoadenosin-5'-phosphosulfats (PAPS) als energiereiche Form der Schwefelsäure. Die Biosynthese von PAPS und seine Verwendung als Sulfatierungsreagens verlaufen nach folgender Reaktionskette:

$$SO_4^{2(-)} + \xrightarrow{\text{ATP-Sulfurylase}}$$
$$\rightarrow \text{Adenosin-5'-phosphosulfat (APS)} + \text{PPi}$$

$$\text{APS} + \text{ATP} \xrightarrow{\text{APS-Phosphokinase}}$$
$$\rightarrow \text{3'-Phosphoadenosin-5'-phosphosulfat (PAPS)} + \text{ADP}$$

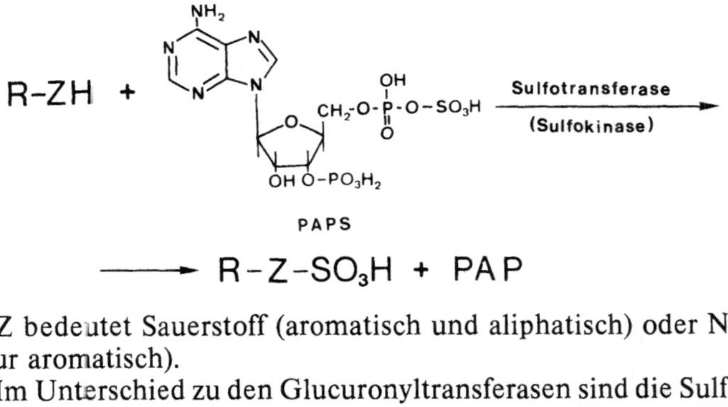

Z bedeutet Sauerstoff (aromatisch und aliphatisch) oder NH (nur aromatisch).

Im Unterschied zu den Glucuronyltransferasen sind die Sulfotransferasen lösliche, nicht-membrangebundene Enzyme. Wie jene scheinen auch sie in verschiedenen Formen zu existieren, deren Summe erst das breite Wirkungsspektrum gegenüber Xenobiotika ausmacht.

Die Glucuronisierungs- und Sulfatierungsreaktionen haben nicht nur als Metabolisierungsmechanismen von Xenobiotika ihre Bedeutung.

Auch die endogenen Steroide werden über Glucuronisierungen und Sulfatierungen inaktiviert und ausgeschieden. Die Glucuronisierung von Bilirubin wurde bereits erwähnt. Es ist noch nicht mit Sicherheit geklärt, ob es sich bei den steroidspezifischen Sulfotransferasen und denen, die Xenobiotika sulfatieren, um dieselben Enzyme handelt. Immerhin liegt hier ein weiteres Beispiel dafür vor, wie der Organismus in der Metabolisierungsphase II sich derselben Mechanismen bedient wie der Intermediärstoffwechsel. Im Laufe der Evolution hat sich lediglich eine gewisse Spezifitätsdifferenzierung der beteiligten Enzyme herausgebildet.

4.5.4. Konjugationen mit Glycin oder Essigsäure

Diese beiden Konjugationsreaktionen führen zwar zu unterschiedlichen Klassen von Endprodukten, ihr enzymatischer Mechanismus ist aber im Prinzip der gleiche. Das gilt für die Bildung von Hippursäure aus einer Fremdstoff-Carbonsäure mit endogenem Glycin wie auch für die Acetylierung eines Fremdstoff-Amins mit endogener Essigsäure. In beiden Fällen wird mit den gleichen biochemischen Mitteln eine Amidbindung geknüpft.

$$R-COOH + H_2NCH_2-COOH \longrightarrow$$
$$\longrightarrow R-CONHCH_2COOH + H_2O$$

$$H_3C-COOH + H_2N-R' \rightarrow H_3C-CONH-R' + H_2O$$

Es wird jeweils zuerst die Carboxylgruppe unter Einschaltung von Co-Enzym A (CoA) in eine energetisch aktivierte Form übergeführt, die dann mit der Aminogruppe des Reaktionspartners reagiert.

$$R-COOH + ATP \longrightarrow R-CO-AMP + PPi$$

$$R-CO-AMP + CoA-SH \longrightarrow$$
$$\xrightarrow{\text{Acylthiokinase}} R-CO-S-CoA + AMP$$

$$R-CO-S-CoA + H_2N-R' \longrightarrow$$
$$\xrightarrow{\text{Transacylase}} R-CONH-R' + CoA-SH$$

Sowohl R–COOH als auch $R'-NH_2$ kann das zu konjugierende Fremdstoffmolekül sein. Im ersten Fall steht dann $R'-NH_2$ für eine der Aminosäuren Glycin, Glutamin, Arginin, Ornithin oder Serin (je nach Tierspezies; beim Mensch vornehmlich Glycin), im 2. Fall bedeutet R-COOH Essigsäure, die als Acetyl-CoA in die Konjugationsreaktion eingeht.

Es ist historisch interessant, daß Acetyl-CoA, das bekanntlich im Intermediärstoffwechsel eine zentrale Rolle spielt, von Lipmann 1945 bei Untersuchungen zum Mechanismus der Acetylierung des Arzneimittels Sulfanilamid entdeckt worden ist. Lipmann erhielt für diese Arbeit den Nobelpreis.

Demnach können vom Organismus nicht nur Carbonsäuren des intermediären Stoffwechsels, sondern auch Carbonsäuren ganz anderer Strukturen, wie z. B. Arzneimittel oder deren Metaboliten, mit Hilfe von ATP und Coenzym A in energiereiche Formen überführt werden. Der Organismus nutzt gewissermaßen seine gute Erfahrungen mit den enzymatischen Mechanismen für die Aktivierung „seiner" Carbonsäuren, um auch die Konjugation verschiedenster Fremdstoff-Carbonsäuren zu meistern. Ob allerdings diese Übereinstimmung im Mechanismus auf einer Identität oder nur strukturellen Ähnlichkeit der beteiligten Enzyme beruht, ist noch unbekannt.

4.5.5. Konjugationen mit Cystein

Obwohl diese Art der Konjugation für den Arzneistoff-Metabolismus quantitativ nur eine untergeordnete Rolle spielt, soll sie hier wegen ihrer Eigenart Erwähnung finden. Das Besondere ist ihre Doppelnatur: Die Cysteinkonjugation, deren Endprodukte man als *Mercapturonsäuren* bezeichnet, zählt gleichermaßen zur Metabolisierungsphase I wie zur Metabolisierungsphase II.

Man kann nämlich bei dieser Konjugationsreaktion grundsätzlich zwei Typen unterscheiden, die Konjugation aromatischer Ringsysteme und die Umsetzung von halogenierten Verbindungen unter Abspaltung von Halogenwasserstoff.

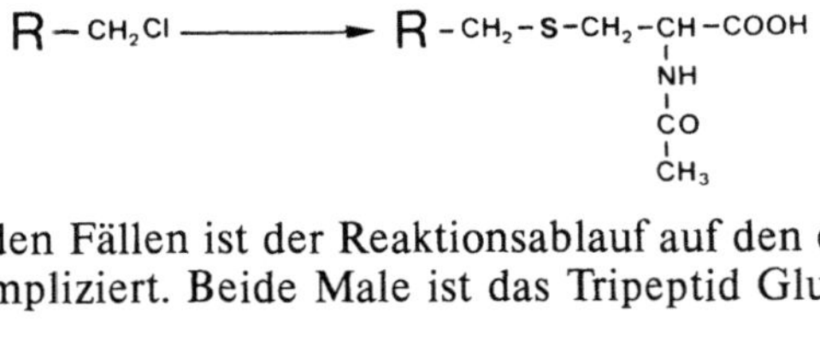

In beiden Fällen ist der Reaktionsablauf auf den ersten Blick recht kompliziert. Beide Male ist das Tripeptid Glutathion der primäre Konjugationspartner, der nach Anheftung an das Fremdstoffmolekül successive bis zum N-Acetylcysteinrest abgebaut wird. Während jedoch das halogenierte Molekül sich direkt mit Glutathion umsetzt, muß der Aromat meist für diese Umsetzung erst vorbereitet werden. Das geschieht durch Bildung des Epoxids, das (möglicherweise) durch Oxidation des Aromaten mittels Cytochrom P_{450} entsteht.

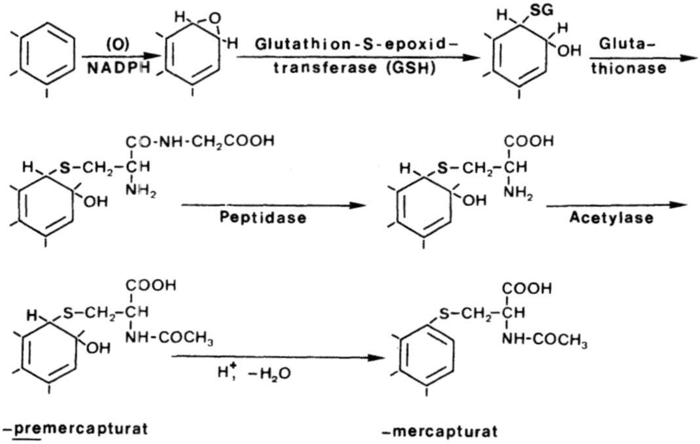

Bei der Umsetzung einer Halogenverbindung ist der erste Schritt die Anheftung des Glutathions:

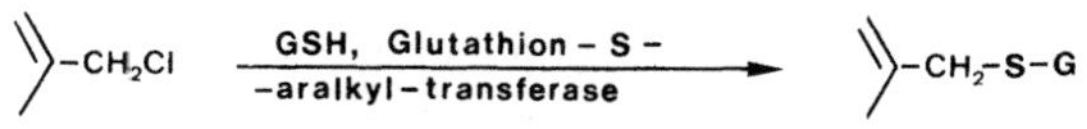

4.5.6. Methylierungs-Konjugation

Die Methylierungs-Konjugation ist weit verbreitet und verläuft bei der Fremdstoffumwandlung analog der im Intermediärstoffwechsel: Die Methylgruppe der Aminosäure Methionin wird über einige enzymatische Zwischenstufen auf das Fremdstoffmolekül übertragen.

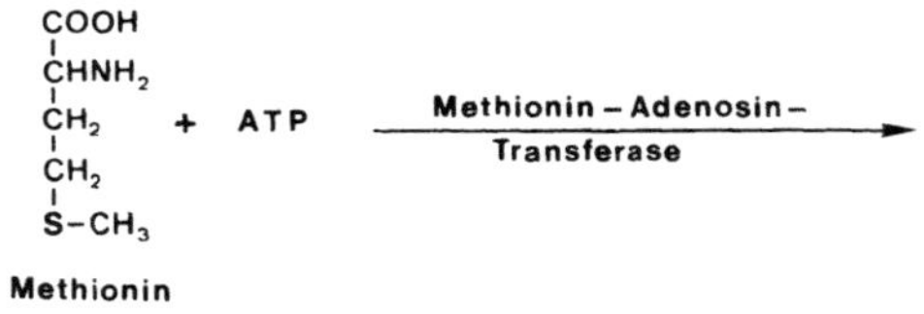

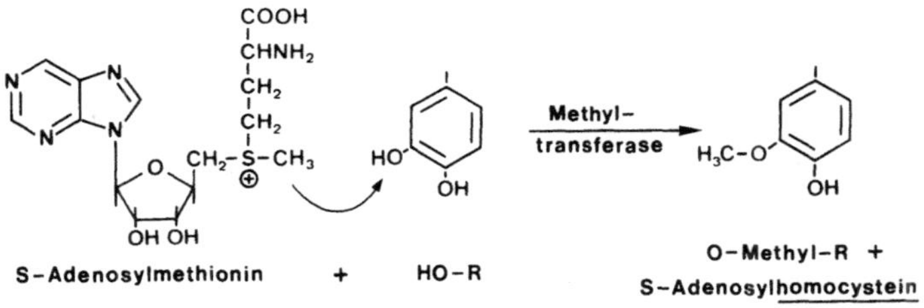

Allgemein kann man formulieren:

S-Adenosylmethionin + R–ZH ⟶ R–ZCH_3 + Adenosinhomocystein, wobei Z sein kann: O, NH oder S.

Wahrscheinlich existieren auch von der Methyltransferase im Organismus multiple Formen, teils an Microsomen gebunden, teils im Cytoplasma gelöst. Die Summe ihrer Substratspezifitäten resultiert in der (scheinbaren) Unspezifität, so wie es oben schon für einige andere Enzyme der Biotransformation aufgezeigt worden ist.

4.6. Inhibierung und Induktion von Biotransformations-Reaktionen

Bei der Besprechung der Oxidation mittels des Cytochroms P_{450} wurden auch Möglichkeiten zu ihrer Hemmung aufgezeigt: Sie sind kompetitiver Natur, d. h. der Inhibitor, in der Regel selbst ein Xenobiotikum, konkurriert mit dem Fremdstoffmolekül um die Bindung am Cytochrom P_{450}, die für die Oxidation Voraussetzung ist.

Man hat systematisch nach kompetitiven Inhibitoren des Cyt. P_{450} geforscht und auch eine große Zahl von Substanzen mit dieser Wirkung gefunden. SKF 525A und Metapyron sind nur zwei Beispiele aus dieser Reihe. Aber nicht nur die Hemmung der Oxidation hat man zu erreichen versucht. Auch andere Enzyme der Biotransformation waren das Ziel derartiger Forschungsprojekte. All diesen Versuchen lag die Hoffnung zugrunde, man könnte durch Hemmung des metabolischen Abbaus von Arzneistoffen (Verkleinerung der k_e^{met}) deren Verweildauer im Organismus und damit die Wirkungsdauer verlängern. Bis heute ist kein Beispiel bekannt geworden, wo dieses therapeutische Prinzip erfolgreich angewandt werden konnte. Das hat zwei Gründe: Einerseits haben derartige Inhibitoren in der Regel toxische Nebenwirkungen, die einer Verwendung in der Therapie entgegenstehen, andererseits verkehrt sich bei einigen von ihnen bei längerer Anwendung die Hemmung in eine Stimulierung des metabolischen Um- und Abbaus von Xenobiotika. Davon betroffen ist dann sowohl der Inhibitor wie auch das Pharmakon, dessen Wirkungsdauer mit Hilfe des Inhibitors verlängert werden sollte.

Die Umkehr der Inhibierung in eine Stimulierung ist das Resultat zweier entgegengesetzt gerichteten Vorgänge. Die Inhibierung setzt sofort in voller Stärke ein, während die Stimulierung erst durch Induktion mit zeitlicher Verzögerung ausgelöst wird.

Die Stimulierung des mikrosomalen Monooxygenase-Systems in Tier und Mensch durch Xenobiotika ist ein allgemein bekanntes Phänomen. An einer Reihe von Beispielen konnte gezeigt werden, daß nach einer solchermaßen verursachten Stimulierung die *de novo* Synthese von Enzymprotein in den Mikrosomen deutlich größer ist als bei den nicht-behandelten Kontrollen. Beim genauen Studium dieser „Enzyminduktion“ hat sich allerdings nicht immer eindeutig nachweisen lassen, ob oder inwieweit die Vermehrung des Enzymgehalts der Mikrosomen tatsächlich einer erhöhten Syntheserate oder lediglich einem verminderten Enzymabbau innerhalb des ubiquitär existierenden Protein-Turnovers zuzuschreiben ist.

Die Enzyminduktion durch Xenobiotika ist ein Ausdruck der Anpassungsfähigkeit der Organismen an veränderte Umweltbedingungen. Auf ein vergrößertes Angebot von potentiell giftigen

Fremdstoffen reagiert der Körper mit der Stimulierung seines Apparats zur metabolischen Entgiftung und damit zur Eliminierung.

Auch hier wird vom Organismus in keiner Weise zwischen Arzneistoffen und anderen Xenobiotika unterschieden, weder in ihrer Rolle als Inducer noch in der als Substrate für den beschleunigten Metabolismus.

Auf den ersten Blick schien die Enzyminduktion in höchstem Maße unspezifisch zu sein. Beim näheren Studium stellte sich jedoch heraus, daß sowohl beim Inducer wie auch beim Substrat eine Gruppenspezifität vorhanden ist, so daß jeweils Substanzen aus einer Inducer-Gruppe den Metabolismus von Substanzen einer ganz bestimmten anderen Gruppe stimulieren. Entsprechende Experimente führten, wie schon in Abschnitt 4.4.1.1. näher ausgeführt, zu der Entdeckung der Heterogenität des Cytochrom P_{450} und damit zum besseren Verständnis der hochgradigen Unspezifität des Monooxygenasesystems.

Die Hauptvertreter der beiden wichtigsten Inducer-Gruppen sind Phenobarbital und 3-Methylcholanthren.

Um zu demonstrieren, in welchem Ausmaß qualitative und quantitative Veränderungen im Enzymmuster der Leber durch diese Art von Enzyminduktion ausgelöst werden können, seien die Resultate eines Versuchs mit Ratten wiedergegeben. Tab. 4.1. zeigt den Effekt einer Vorbehandlung der Tiere mit Phenobarbital.

Nicht nur die Aktivität von Cyt P_{450} und NADPH-Cytochrom Reduktase nimmt zu, sondern auch die der Glucuronyltransferase. Darüber hinaus steigt der Gehalt der Microsomen an Gesamtprotein, und das Gesamtgewicht der Leber nimmt zu.

Die medizinische Bedeutung der Enzyminduktion durch Arzneistoffe liegt auf der Hand. Zwar ist sie nach Absetzen des Induktors meist reversibel. Aber während der Zeit der erhöhten Enzymaktivitäten wird eine Reihe von Arzneistoffen (je nach der Gruppe aus welcher der Inducer stammt) rascher metabolisiert als normalerweise, d. h. die k_e^{met} und damit auch die k_e^{gl} ist vergrößert (siehe Kapitel 2.11.). Die Blut- und Gewebespiegel werden bei gleicher Dosierung niedriger und erreichen möglicherweise nicht einmal die Wirksamkeitsschwelle. Um eine gleichmäßige Wirkungsstärke zu erhalten, muß laufend höher dosiert werden. Das gilt besonders auch dann, wenn ein Arzneistoff die Beschleunigung seines eigenen Abbaus induziert (sog. Selbstin-

Tab. 4.1.: Effekt der Vorbehandlung von Ratten mit Phenobarbital (100 mg/kg/Tag) auf einige Enzym-Systeme der Leber. Nach *S. Orrenius, M. Das* und *Y. Gnosspelius,* in *R. J. Gillette* et al. (Herausgeber): Microsomes and Drug Oxidations, 251-277, Acad. Press, 1969

Parameter	Relative Höhe nach 5 Tagen Behandlung (Kontrolle = 100)		
Leber-Gewicht		179	
Gesamtes mikrosomales Protein		154	
Enzyme / Enzym-Aktivitäten	pro Einheit Mikrosomenprotein	pro Einheit Leber-Gewicht	pro ganze Leber
Gesamt-Hydroxylierung	505	776	1390
NADPH-Cytochrom c Reduktase	435	670	1200
Cytochrom P_{450}	455	700	1260
NADH-Cytochrom c Reduktase	45	69	124
Cytochrom b_5	98	151	270
Glucuronyltransferase	172	264	475

duktion). Eine gleichbleibende Wirkungsstärke erfordert dann bei Langzeitbehandlung ständig steigende Dosen, die schließlich sogar Lebervergrößerung zur Folge haben können. Neue Arzneistoffe mit derartigen „Nebenwirkungen“ dürfen heute nur mit entsprechenden Packungshinweisen auf den Markt gebracht werden.

4.7. Metaboliten-Kinetik

Es gibt Arzneistoffe, deren Biotransformation zu Metaboliten führt, die selbst eine pharmakologische Wirkung haben. Solche Metaboliten sind zwar oft schwächer wirksam als das Pharmakon, aus denen sie entstehen, und auch ihre Elimination ist häufig rascher als die der Ausgangssubstanz. Es gibt aber Beispiele, wo ein Metabolit wirksamer ist und langsamer eliminiert wird. Im Extremfall werden sogar Substanzen ohne eigene pharmakologische Wirkung erst im Körper durch Biotransformation in einen Wirkstoff umgewandelt. Eine solche Substanz nennt man

PRO DRUG. Das „Pro Drug Prinzip“ wird nicht selten zur Entwicklung neuer Arzneimittel genutzt.

Wie auch das quantitative Verhältnis der Wirkung des Metaboliten zur Wirkung der applizierten Substanz ist: Die Umwandlung im Organismus zu einer weiteren Wirksubstanz kompliziert die Kinetik des gegebenen Pharmakons, da durch sie die Beziehung Plasmakonzentration/Wirkung (Abb. 3.10) mit den Grenzkonzentrationen MEC und MTC verändert wird. Am Beispiel Acetylsalicylsäure ⟶ Salicylsäure kann dieses Mißverhältnis leicht demonstriert werden (Abb. 4.4.).

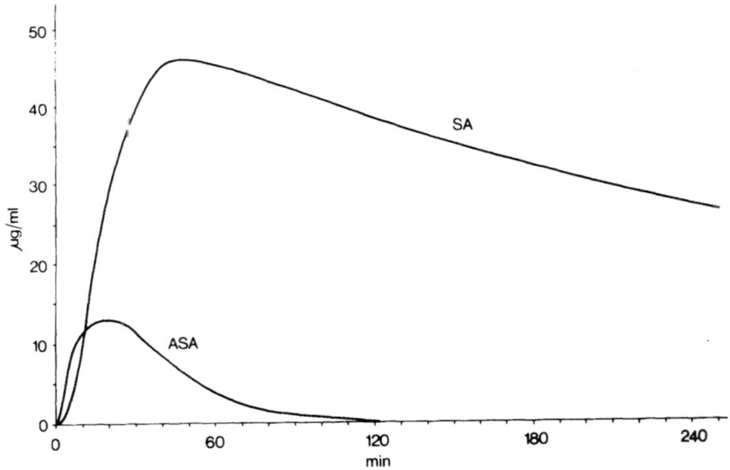

Abb. 4.4.: Plasmaspiegelverlauf von Acetylsalicylsäure (ASA) und Salicylsäure (SA) nach oraler Applikation von 650 mg Acetylsalicylsäure (nach *M. Rowland* et al., Nature **215**, 413, 1967).

Beide, Acetylsalicylsäure und Salicylsäure haben antirheumatische Wirkung, aber nur Acetylsalicylsäure ist ein Antithrombotikum.

Salicylsäure wird heute nicht mehr als Antirheumatikum verwendet, da die Nebenwirkungen beträchtlich sind, vor allem bei wiederholter hoher Dosierung. Eine Pharmakokinetik von Acetylsalicylsäure sollte sich daher nicht auf den Konzentrationsverlauf der Ausgangssubstanz beschränken, sondern die Summe beider erfassen. Andererseits sind die anderen Metaboliten, nämlich die beiden Glucuronide und die Salicyl*ur*säure (siehe Kapitel 4.5.2. und 4.5.4.), in jeder Beziehung unwirksam und untoxisch und dürfen deshalb in Plasmakonzentrationsmessungen nicht mit einbezogen werden (vgl. auch Kapitel 3.2.).

Ähnliches gilt für das Analgetikum und Antipyretikum Phenacetin, dessen Hauptmetabolit das ebenso wirksame Paracetamol ist. Das Psychopharmakon Diazepam bildet gleich zwei Metaboliten mit ähnlichem (wenn auch nicht identischem) Wirkprofil, Oxazepam und Nordiazepam. Zum Unterschied von Acetylsalicylsäure sind jedoch diese Metaboliten von Phenacetin und Diazepam weniger toxisch als ihre Ausgangssubstanzen und können deshalb selbst als Therapeutika benutzt werden.

Die Tatsache, daß aus Arzneistoffen wirksame Metaboliten entstehen können, die naturgemäß einen eigenen von der Ausgangssubstanz unterschiedlichen Konzentrationsverlauf im Körper zeigen, ist vor allem von Bedeutung für die repetitive Applikation solcher Arzneistoffe. Dort kann die isolierte Verwertung der t½ der verabreichten Wirksubstanz zu Fehlberechnungen des Dosierungs-Schemas führen. Wiederum am Beispiel Acetylsalicylsäure sei dies demonstriert (Abb. 4.5.).

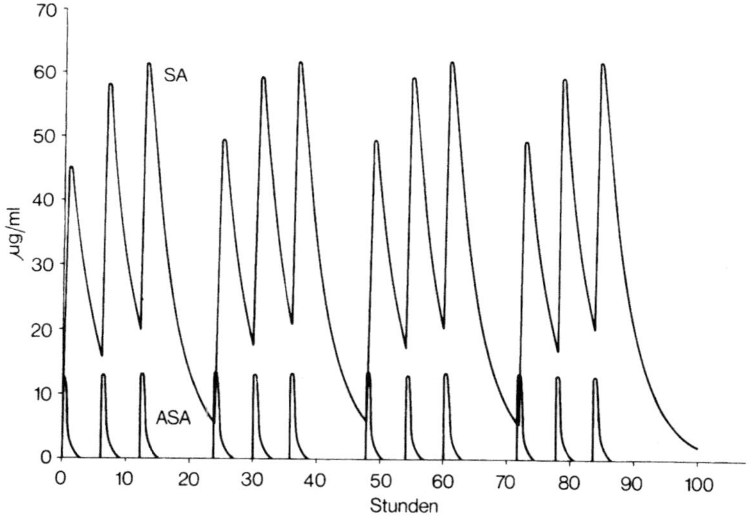

Abb. 4.5.: Nach Abb. 4.4. simulierte Plasmaspiegel bei repetitiver p.o.-Applikation derselben Dosis (650 mg) Acetylsalicylsäure. Dosierungsintervall τ = 6, 6 und 12 Stunden. Rechengrundlagen: Ein-Kompartmentmodell und Dosislinearität bis zu den höchsten SA-Konzentrationen.

Im Grunde ist die Biotransformation eines Arzneistoffs in wirksame (oder auch toxische) Metabolite wie eine Kombinationstherapie aus dem betreffenden Arzneistoff und seiner mit zeitlicher Verzögerung verabreichten Metaboliten zu bewerten, und es müßte zusätzlich zur Messung des Plasmaspiegelverlaufs des Arzneistoffs noch die Kinetik des oder der Metaboliten aufgezeichnet werden.

Die Metaboliten-Kinetik von Arzneistoffen ist ein sehr junger Zweig der Pharmakokinetik, über dessen Bedeutung für die therapeutische Praxis z. Z. noch prinzipielle Diskussionen geführt werden. Sofern die Metaboliten selbst keinerlei Wirkung haben, weder erwünschte noch unerwünschte, ist ihre Kinetik kaum oder nicht von Interesse. Anders bei wirksamen Biotransformations-Produkten. Dann muß die grundsätzliche Frage nach Sinn und Zweck der Pharmakokinetik aufgeworfen werden: kann man für wiederholte oder kontinuierliche Medikation die Wirkstoff-Konzentrationen vorausberechnen? Schon der Ersatz des Wortes Arzneistoff durch den Begriff „Wirkstoff" läßt sofort erkennen, daß eine Kinetik allein des Arzneistoffs (das ist die applizierte Substanz!) nur dann therapeutisch sinnvolle Daten liefert, wenn aus dem Arzneistoff im Körper keine anderen Wirkstoffe entstehen. Anderenfalls hat eine Betrachtung allein der *Arzneistoff*-Kinetik lediglich theoretischen Wert. Sie gibt – auch bei den exaktesten Messungen und statistischer Absicherung – weder über die Aufrechterhaltung der Wirkung noch über die Gefahr von Nebenwirkungen bindend Auskunft.

5. APPENDIX: Mathematische Ableitung pharmakokinetischer Prozesse

5.1. Hydrodynamische Modell-Apparatur

Die Abstraktion biologisch-pharmakokinetischer Vorgänge auf die sie beschreibenden mathematischen Funktionen kann man leicht mit Hilfe einer (gedachten) hydrodynamischen Modell-Apparatur anschaulich machen (Abb. 5.1.).

Man stelle sich ein geschlossenes mit Wasser gefülltes Gefäß (K) vor mit Zu- (Z) und Abfluß (A). An K ist mit Zwischenschaltung einer Erweiterung des Zuflusses bei D ein Wasser-Reservoir (W) angeschlossen, das die bei A ausfließende Menge Wasser stets ersetzt.

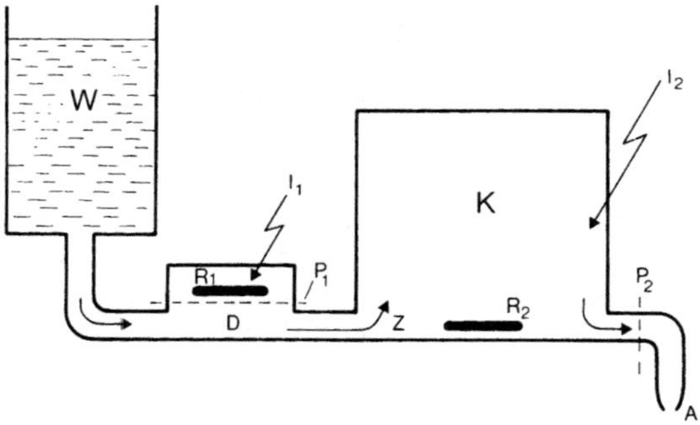

Abb. 5.1.: Hydrodynamische Modell-Apparatur zur Simulation einfacher pharmakokinetischer Prozesse.
W = Wasserreservoir, D = Erweiterung des Zuflusses, P_1 und P_2 = semipermeable Membranen, K = mit Wasser gefüllter Behälter, R_1 und R_2 = Magnetrührer, Z = Zufluß in K, A = Abfluß aus der Apparatur, I_1 und I_2 = Injektionsstellen für konzentrierte Farbstofflösung (nach *G. Bozler*, unveröffentlicht).

P 1 und P 2 sind Vorrichtungen zur Einführung beliebig permeabler Membranen, R_1 und R_2 Rührvorrichtungen in D und K. Bei I_1 und I_2 kann konzentrierte Farbstofflösung in D bzw. K eingebracht werden.

Dieser gedachte apparative Aufbau simuliert die Vorgänge im Organismus, wie sie durch das Ein-Kompartment-Modell beschrieben werden können: Der Raum K mit seinem konstanten

Wasservolumen repräsentiert den Organismus innerhalb von Haut und Schleimhäuten. Der Rührer R_2 stellt den ständigen Ausgleich der miteinander im dynamischen Gleichgewicht stehenden Arzneistoffkonzentrationen im Körper dar.

W ist das Wasser, das durch den Intestinaltrakt, durch „Verbrennung“ von Nahrung und durch Rückresorption aus den Nierentubuli dem Körper ständig zugeführt wird. I_1 zeigt eine nichtvaskuläre, I_2 eine vaskuläre (z. B. intravenöse) Applikation an. Der über I_1 bzw. I_2 eingebrachte Farbstoff simuliert den Arzneistoff. I_2 dient außerdem zur Probeentnahme aus Gefäß K („Meß-Kompartiment“) analog der Vorrichtung zur Blutentnahme für die Bestimmung der Arzneimittelkonzentration im Blut (Blut-, Plasma-, Serumspiegel). Die Membran-Vorrichtung P_1 bezeichnet die Magen-Darm-Schleimhaut, P_2 die Eliminationsorgane Niere und Leber. Beide Membranen sind für Farbstoffe verschiedener Lipophilie und Molekülgröße unterschiedlich permeabel.

5.2. Plasmaspiegel-Verlauf nach vaskulärer (intravenöser) Applikation

5.2.1. Grundlagen

Die Verhältnisse nach i.v.-Applikation eines Arzneistoffs werden in der Modell-Apparatur durch Einspritzung der konzentrierten Farbstofflösung bei I_2 veranschaulicht. Der Wasserzufluß von W nach A bleibt konstant.

Die Elimination eines Arzneistoffs aus dem Organismus erfolgt nach denselben mathematischen Regeln wie die des Farbstoffs aus der Apparatur. Ist die Verteilung des Arzneistoffs aus dem Blutkreislauf in die Peripherie und umgekehrt sehr rasch, so kann der Organismus mathematisch als ein einheitlicher Raum (Ein-Kompartiment) betrachtet werden. Scheint für den Arzneistoff der Organismus in zwei oder mehrere Räume (Kompartimente) unterteilt, zwischen denen der Arzneistoff nicht ungehindert diffundieren kann, so setzt sich dessen Konzentrationsverlauf im Körper aus mehreren Phasen zusammen, welche die unterschiedlich rasche Verteilung in die einzelnen Räume (Kompartimente) widerspiegeln. Ursache hierfür sind u. a. die allenthalben im Organismus vorhandenen Biomembranen, deren

Durchlässigkeiten für den einen oder anderen Arzneistoff sehr unterschiedlich sein können.

Alle diese physiologischen Prozesse lassen sich mit der Modell-Apparatur simulieren, indem man den Raum K entweder als einheitliches Gefäß beläßt (Ein-Kompartment-System) oder durch geeignete Membranen unterteilt (Mehr-Kompartment-System).

Es ist aus der Modell-Apparatur ohne weiteres zu erkennen, daß der zeitliche Konzentrationsverlauf wesentlich komplizierter wird, wenn der Arzneistoff (dort Farbstoff) nicht unmittelbar in das Meß-Kompartiment eingebracht wird (i.v.), sondern erst durch allmähliche Diffusion aus einem anderen Raum (z. B. In-

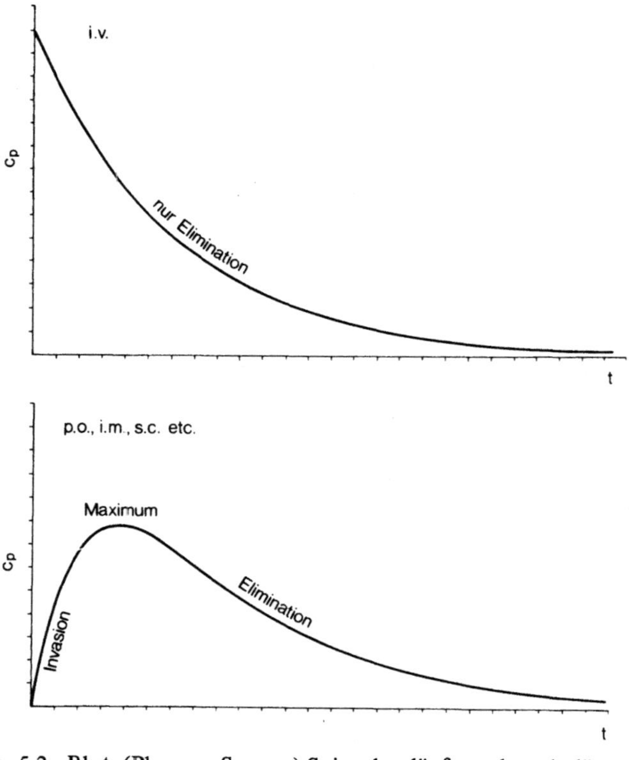

Abb. 5.2.: Blut- (Plasma-, Serum-) Spiegelverläufe nach vaskulärer (i.v.) und nicht-vaskukärer (p.o., i.m., s.c.) Applikation eines Arzneistoffs.

testinaltrakt) dorthin gelangt. Dann überlagern sich im Meßkompartiment Invasion und Elimination derart, daß die Arzneistoff-Konzentration zunächst von Null bis zu einem Maximum ansteigt, um dann wieder bis auf Null abzufallen (Abb. 5.2.).

5.2.2. Ein-Kompartmentsystem

Der Abfall der Arzneistoff-Konzentration im Körper nach intravenöser Applikation kann in der Modell-Apparatur wie folgt simuliert werden: Nach erfolgter Injektion der konzentrierten Farbstofflösung in Behälter K nimmt als Folge der Diffusion und des Flüssigkeitsstroms von W nach A die Farbstoff-Konzentration in K ständig ab. Dabei ist die Menge Farbstoff, die pro Zeiteinheit die Apparatur bei A verläßt, stets proportional der in K vorhandenen Farbstoff-Konzentrationen sowie der Durchlässigkeit der Membran P_2 und der Geschwindigkeit des Flüssigkeitsstroms.

In einer mathematischen Form ausgedrückt heißt das

$$\frac{\Delta M_t}{\Delta t} = -k_2 M_t \qquad (5.1.)$$

M_t ist die zur Zeit t in Behälter K vorhandene Menge Farbstoff, ΔM der Anteil der davon im Zeitintervall Δt herausfließt. k_2 faßt die konstanten Größen Membrandurchlässigkeit und Flüssigkeitsstrom zusammen.

In die Differenzialform übergeführt, lautet Gl. (5.1.).

$$\frac{dM_t}{dt} = -k_2 M_t \qquad (5.2.)$$

Dividiert man auf beiden Seiten von Gl. (5.2.) M_t durch das Volumen V des Behälters K, so erhält man die Konzentration c_t zum Zeitpunkt t.

$$\frac{dc_t}{dt} = -k_2 \cdot c_t \qquad (5.3.)$$

In Gleichung (5.1.) bis (5.3.) hat die Konstante k den Index 2, um sie von der später zu besprechenden Konstante k_1 zu unterscheiden. Das minus-Zeichen vor k_2 deutet an, daß dM bzw. dc mit steigendem t abnimmt.

Durch Umformung und Integration von Gl. (5.3.)

$$\int \frac{dc_t}{c_t} = -k_2 \int dt \qquad (5.4.)$$

erhält man

$$\ln c_t = -k_2 t + \ln c_0 \qquad (5.5.)$$

bzw.

$$c_t = c_0 \cdot e^{-k_2 t} \qquad (5.6.)$$

wobei c_o die Konzentration des Farbstoffs in K zum Zeitpunkt t = 0 ist.

Diese Exponentialfunktion (5.5. und 5.6.) ist eine allgemeine mathematische Formulierung, nach der unzählige Vorgänge in Natur und Technik ablaufen. Sie ist dadurch gekennzeichnet, daß die Geschwindigkeit der Abnahme (in unserem Fall der Farbstoffkonzentration) immer proportional der Menge bzw. der Konzentration des noch vorhandenen Stoffes ist.

Diese Art von Abläufen werden als Funktion 1. Ordnung bezeichnet (vom Exponentialindex 1 der Menge bzw. Konzentration). Sie unterscheiden sich von denen nullter Ordnung (die Geschwindigkeit ist von der noch vorhandenen Menge unabhängig, also Exponent 0) und von denen höherer Ordnung (z. B. abhängig vom Quadrat der Menge, also Exponent 2, Funktion 2. Ordnung). Die Geschwindigkeitskonstante k_2 ist das Maß für die Steilheit der abfallenden Konzentrationskurve.

Mit Hilfe von Gl. (5.5.) kann man auch erfahren, welche Zeit verstreicht, bis eine bestimmte Farbstoff-Konzentration (Arzneistoff-Konzentration) in Behälter K (im Körper) auf die Hälfte abgefallen sein wird. Bezeichnen wir diese Zeitspanne als Halbwertszeit $t^1/_2$, dann ist $c_{t1/2} = c_o/2$. Nach zwei Halbwertszeichen wird sie $c_o/4$ sein, nach drei $c_o/8$ etc. In Gleichung (5.5.) eingesetzt, ergibt das

$$\ln \frac{c_0}{2} = -k_2 \cdot t^1/_2 + \ln c_0 \qquad (5.7.)$$

und weil $\ln \frac{a}{b} = \ln a - \ln b$ ist, erhält man

$$\ln c_0 - \ln 2 = -k_2\, t^1/_2 + \ln c_0 \qquad (5.8.)$$

Damit verschwindet die Konzentration c_0 aus der Rechnung:

$$\ln 2 = k_2 \, t^1\!/\!_2 \tag{5.9.}$$

und $t^1\!/\!_2$ ist nur noch eine Funktion von k_2

$$t^1\!/\!_2 = \frac{\ln 2}{k_2} = \frac{0{,}693}{k_2} \tag{5.10.}$$

Demnach ist, zumindest bei einem Verlauf 1. Ordnung, die Halbwertszeit eine Konstante, die sich über die gesamte Zeit der Betrachtung nicht verändert.

Man bestimmt verschiedene Zeiten nach der Injektion die dann noch vorhandene Konzentration und liest aus einer graphischen Darstellung der Meßwerte die Halbwertszeit ab (Abb. 5.3.).

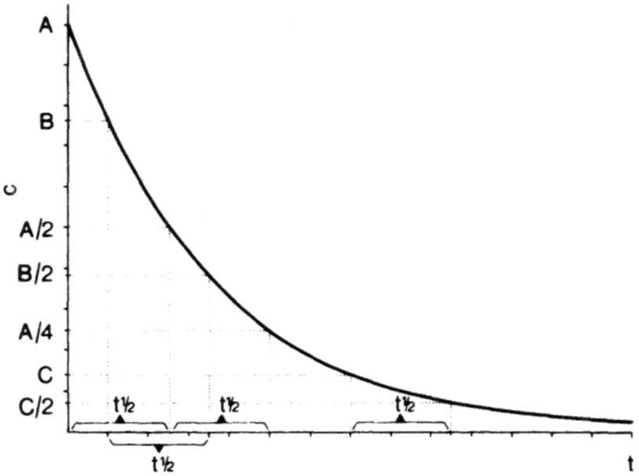

Abb. 5.3.: Numerische Darstellung der Meßpunkte im Blut (Plasma, Serum) nach i.v.-Applikation. Definition der Halbwertszeit $t^1\!/\!_2$.

Mit den sehr genau bestimmbaren Farbstoffkonzentrationen in der Modell-Apparatur ist die Zuordnung der Meßpunkte zu einer bestimmten mathematischen Funktion kein Problem. In der Pharmakokinetik jedoch kann sie mit einer Reihe von Unsicherheitsfaktoren behaftet sein, die sich aus der unvollkommenen Methodik und aus biologisch bedingten Schwankungen ergeben.

Der Kurvenverlauf läßt sich besser beurteilen, wenn man sich gemäß Gl. (5.5.) einer halblogarithmischen Darstellung bedient (siehe Abb. 3.3.).

Eine Funktion 1. Ordnung ergibt hier eine Gerade. Aus ihr ist die Halbwertszeit $t^1\!/\!_2$ direkt ablesbar.

$t^1/_2$ zeigt nicht nur an, in welcher Zeitspanne die Menge bzw. Konzentration des betreffenden Arzneistoffs im Körper jeweils auf die Hälfte (ein Viertel, ein Achtel) abnimmt. Sie eröffnet auch die Möglichkeit, über Gl. (5.10.) die (globale) Eliminationskonstante k_2 zu ermitteln. Durch Umstellung von Gl. (5.10.) erhält man nämlich

$$k_2 = \frac{\ln 2}{t^1/_2} = \frac{0{,}693}{t^1/_2} \tag{5.11.}$$

Wie ersichtlich, hat k_2 die Dimension $[t^{-1}]$. In der graphischen Darstellung entspricht einer unterschiedlichen Steilheit der Geraden eine unterschiedliche $t^1/_2$ und folglich eine unterschiedliche k_2 (Abb. 5.4.).

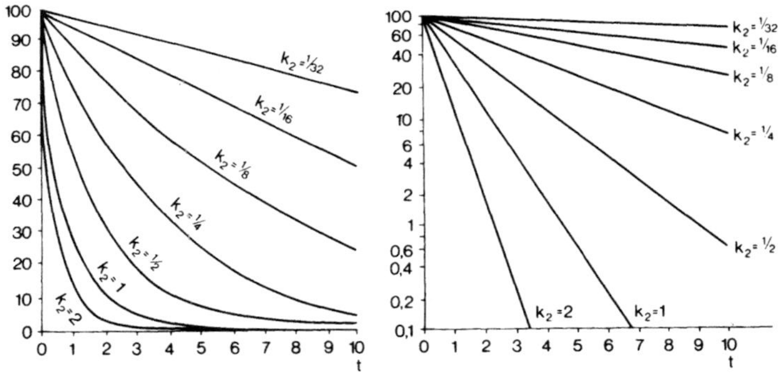

Abb. 5.4.: Konzentrationsabfall des Arzneistoffs im Plasma (des Farbstoffs in der Modellapparatur) nach vaskulärer Applikation (Injektion in Behälter K) mit unterschiedlicher Eliminationskonstante k_2. Aus *F. H. Dost:* Grundlagen der Pharmakokinetik, S. 239, Thieme-Verlag 1968.

Mit der Modell-Apparatur läßt sich noch eine weitere wichtige Konstante der Pharmakokinetik anschaulich darstellen: das „scheinbare (oder fiktive) Verteilungsvolumen“ V_D.

Man stelle sich in der Apparatur einen zweiten größeren Behälter K′ vor, der ohne Zwischenschaltung einer Membran mit dem Behälter K verbunden ist. Zum Erreichen derselben Konzentration wie beim ursprünglichen Volumen muß jetzt entsprechend mehr Farbstoff in den Behälter K eingebracht werden. Dasselbe erreicht man auch mit einem vergleichsweise kleinen Behälter K′, wenn man ihm ein Adsorbens zufügt, welches die

Eigenschaft hat, bei eigener Unlöslichkeit einen großen Teil des gelösten Farbstoffs reversibel zu binden. Die Folge wird sein, daß die Konzentration von freiem (nicht gebundenen) Farbstoff in beiden Behältern absinkt bzw. nur durch Einbringen von mehr Farbstoff die ursprüngliche Konzentration wieder hergestellt werden kann. Durch das Adsorbens wird somit das Volumen der Summe der Behälter K und K' scheinbar vergrößert. Mathematisch betrachtet ist das Adsorbens also nichts anderes als eine Erweiterung des Volumens, in die hinein sich der Farbstoff ausgedehnt hat. Mit anderen Worten: Die Adsorptionskapazität des Adsorbens täuscht Volumen vor.

In der Regel kennt man die tatsächlichen Arzneistoff-Mengen oder -Konzentrationen in den verschiedenen Körperarealen mit ihren unterschiedlichen Bindungskapazitäten nicht. Wie in der Modell-Apparatur mit dem Adsorbens sind sie jedoch rechnerisch über die von ihnen verursachten scheinbaren Verteilungsvolumina zu erfassen. Das gilt ganz besonders für das Ein-Kompartment System, in welchem wegen der raschen Gleichgewichtseinstellung zwischen den diversen Verteilungsräumen im Organismus alle scheinbaren Verteilungsvolumina zu einem zusammengefaßt werden können.

Das fiktive Verteilungsvolumen des Farbstoffs in der Modell-Apparatur mit zugesetztem Adsorbens errechnet sich aus M/c_0, wobei M die gesamte in die Apparatur eingebrachte Menge Farbstoff, c_0 die zum Zeitpunkt Null gemessene Konzentration an freiem, also *nicht* gebundenem Farbstoff bedeuten.

5.2.3. Zwei-Kompartmentsystem

Wenn die Diffusion des Arzneistoffs zwischen Plasma (zentrales Kompartiment) und Peripherie oder/und zwischen verschiedenen Kompartimenten der Peripherie nicht wie im Ein-Kompartmentsystem rasch erfolgt sondern langsam, oder wenn sich irgendwo im Körper besondere Bindungen zwischen Arzneistoff und Gewebe aufbauen, dann sind die Meßergebnisse im Blutplasma nicht mit dem Ein-Kompartmentmodell in Einklang zu bringen, d. h. sie stimmen nicht mit einer Kurve bzw. Geraden in Abb. 5.4. überein.

Unsere Modell-Apparatur kann – mit einer kleinen Erweiterung – auch diese veränderten Verhältnisse anschaulich darstellen: Unterteilen wir Behälter K in zwei Teilräume, die voneinander durch eine im Vergleich zu P_2 für den Farbstoff weniger durchlässige Membran P_3 getrennt sind (Abb. 5.5.) und bringen wir dann in den Teilraum I den Farbstoff ein. Er wird zunächst sowohl bei P_2 wie bei P_3 aus Teilraum I abfließen. Wir befinden uns in der „Verteilungsphase". Bei P_3 hält der Abfluß allerdings nur so lange an, bis in II die Konzentration dieselbe ist wie in I. Dann nämlich dreht sich bei P_3 die Flußrichtung um, weil in I infolge des Abflusses über P_2 die Konzentration ständig weiter abnimmt.

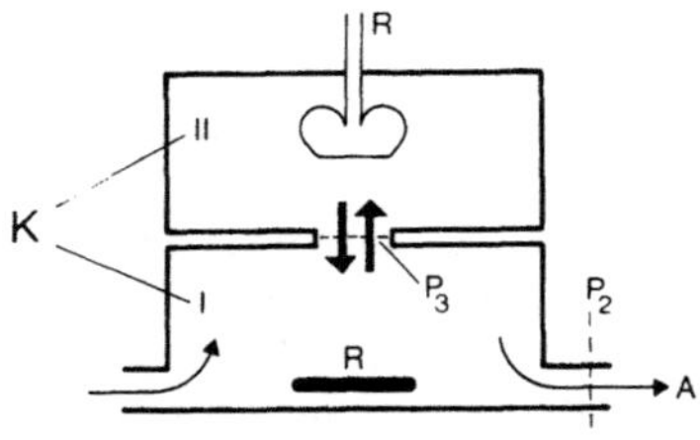

Abb. 5.5.: Modell-Apparatur mit unterteiltem Behälter K zur Simulation eines Zwei-Kompartmentsystems.

I und II = Teilräume von K
P_3 = zusätzliche Membran
R = Rührer
A = Abfluß

Nach Beendigung der Verteilungsphase wird der Raum I zunächst schneller entleert als Raum II. Diese Ungleichheit in der Entleerungs-(Eliminations-) Geschwindigkeit hält so lange an, bis der Abfluß von I nach A infolge der nun niedrigeren Konzentration in I so langsam geworden ist wie die von II nach I aufgrund der dort befindlichen relativ undurchlässigen Membran (Mikro-Konstante k_{21}). Von diesem Zeitpunkt an wird die Abflußgeschwindigkeit von I nach A durch die von II nach I bestimmt. Da die Diffusionsgeschwindigkeit von einem Raum in einen anderen stets dem Konzentrationsgefälle proportional ist, wird also in I solange eine endliche (vom Unterschied zwischen k_{21} und k_{1A} abhängige) Konzentration erhalten bleiben (und nicht etwa Null sein), solange in II noch Farbstoff vorhanden ist. In der graphischen Darstellung ist dieser Prozeß als zweiphasischer Kurvenverlauf erkennbar (Abb. 5.6.).

Die Volumina der Teilräume I und II in der Modell-Apparatur entsprechen den fiktiven Verteilungsvolumina des biologischen Systems.

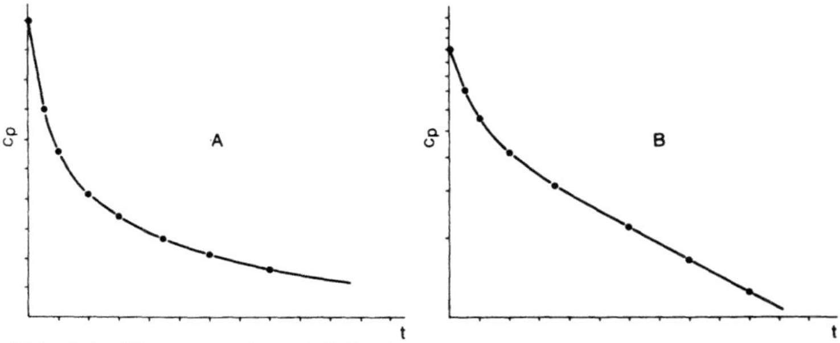

Abb. 5.6.: Konzentrationsabfall mit der Zeit in der bei A offenen Modellapparatur der Abb. 5.5. nach Injektion des Farbstoffs in Teilraum I. A: numerische, B: halblogarithmische Darstellung.

In die abstrakte Sprache des Pharmakokinetikers übersetzt heißt dies alles, ein zweiphasischer Blut-(Plasma-)spiegelverlauf kann mathematisch mit einem offenen Zwei-Kompartmentmodell in Einklang gebracht werden (Abb. 5.7.).

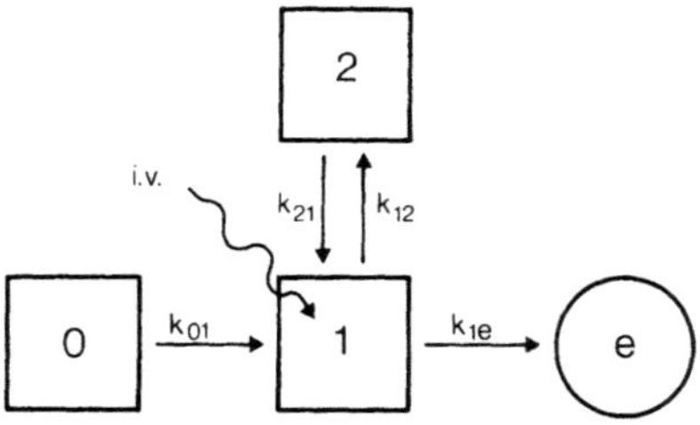

Abb. 5.7.: Zwei-Kompartmentmodell für vaskuläre und nicht-vaskuläre Applikation.

0 = Eingangs-Kompartiment
1 = zentrales, 2 = peripheres Kompartiment
e = (offenes) End-Kompartiment
k_{01}, k_{12}, k_{21}, k_{1e} = Mikrokonstanten

Kästchen Nr. 1 gibt das zentrale, Kästchen Nr. 2 das periphere Kompartiment wieder. Die Kreisfläche O ist der Applikationsort bei nicht-vaskulärer Verabreichung und spielt bei i.v.-Gabe keine Rolle. Er wird nicht als Kompartiment gezählt. Auch e wird nicht gezählt, weil es als End-„Kompartiment“ einen irreversiblen Prozeß repräsentiert.

Das Zwei-Kompartmentmodell ist wie schon bei der Beschreibung der Modell-Apparatur in Abb. 5.6. dargelegt, nichts anderes als ein um ein peripheres Kompartment erweitertes Ein-Kompartmentmodell. Das wird deutlich bei der halblogarithmischen Darstellung des Konzentrationsverlaufs eines Arzneistoffs im zentralen Kompartiment des Zweikompartmentmodells (Abb. 5.8.):

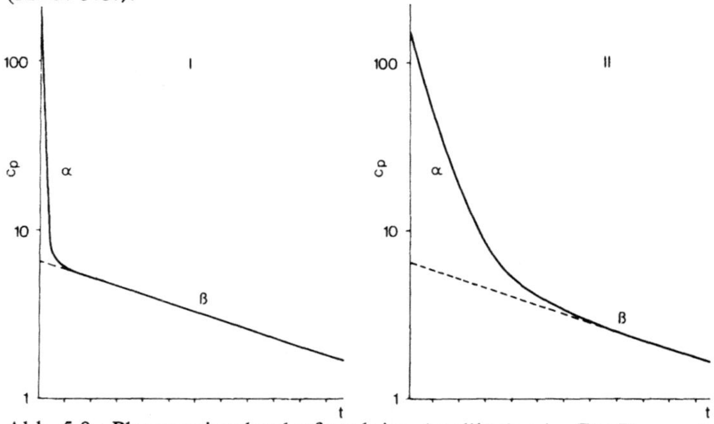

Abb. 5.8.: Plasmaspiegelverlauf nach i.v.-Applikation im Ein-Kompartmentsystem (I) und im Zwei-Kompartmentsystem (II).

Die mit α bezeichnete Phase des Kurvenverlaufs ist die sog. Verteilungsphase. Während dieser Zeit verteilt sich der Arzneistoff zwischen zentralem und peripherem Kompartiment. Je nach der Geschwindigkeit, mit der diese Verteilung erfolgt, fällt die Konzentration des Arzneistoffs im zentralen Kompartment mehr oder weniger rasch bis auf denjenigen Wert ab, bei dem Gleichgewicht zwischen den beiden Kompartimenten besteht. In der Graphik ist die Steilheit von α ein Maß für die Geschwindigkeit dieser Verteilung.

Die β-Phase ist die Phase der Elimination. Ihre Steilheit in der graphischen Darstellung ist ein Maß für die Geschwindigkeit, mit der der Arzneistoff aus dem zentralen Kompartiment durch Metabolismus und Exkretion eliminiert wird, während gleichzeitig aus der Peripherie Arzneistoff in das zentrale Kompartiment zurückfließt. Im Zwei-Kompartment-Modell stellt somit β nicht nur die Elimination dar, sondern setzt sich zusammen aus Elimination und Verteilung des Arzneistoffs. Dasselbe gilt auch für die Steilheit von α, zu der wiederum β einen gewissen Teil beisteuert.

Erfolgt die Verteilung zwischen zentralem Kompartiment und der Peripherie sehr rasch im Vergleich zur Elimination, so spielt α beim Verlauf von β keine Rolle. Dann sind zentrales Kompartiment und Peripherie pharmakokinetisch nicht unterscheidbar und erscheinen als ein gemeinsames Kompartiment: Die Voraussetzung für das Ein-Kompartmentmodell ist voll erfüllt.

Es gibt Grenzfälle, wo es schwierig ist zu entscheiden, ob man den pharmakokinetischen Berechnungen das Ein- oder ein Zwei-Kompartmentmodell oder sogar ein Multi-Kompartmentmodell zugrunde legen soll. In solchen Fällen ist es unumgänglich, alle infrage kommenden Modelle durchzuprüfen und für weitere Berechnungen nach Art des TRIAL and ERROR dasjenige von ihnen herauszufinden, dessen mathematische Lösung die biologischen Daten am genauesten beschreibt.

Die Grundgleichung des Zwei-Kompartmentmodells berücksichtigt die beiden Phasen des Konzentrations- bzw. Mengenverlaufs. In Erweiterung der Grundgleichung (5.6.) des Ein-Kompartmentmodells nach i.v.-Applikation lautet die des Zwei-Kompartmentmodells für das zentrale Kompartiment nach i.v.-Gabe:

$$c_p = A^* \cdot c_{po} \cdot e^{-\alpha t} + B^* \cdot c_{po} \cdot e^{-\beta t} \qquad (5.12.)$$

Es bedeuten hier

c_p: Konzentration des Arzneistoffs zur Zeit t im zentralen Kompartment (Plasma)

α: Neigung der α-Phase } in der halblogarithmischen

β: Neigung der β-Phase } Darstellung

A und B sind Koeffizienten, welche die relative Höhe des Kurvenverlaufs in der α- und der β-Phase anzeigen. $A^* + B^* = 1$.

Alle in der Gleichung (5.12.) enthaltenen Konstanten können aus der graphischen Darstellung des Kurvenverlaufs der Plasmaspiegel entnommen bzw. direkt berechnet werden (Abb. 3.2.). Dort ist $A = A^* \cdot c_{po}$ und $B = B^* \cdot c_{po}$. Die Extrapolation der gemessenen Daten auf $t = O$ zur Bestimmung von c_{po} ist meist nicht korrekt durchführbar. Man bestimmt deshalb besser aus der Graphik die Höhe von A und B. Da nämlich $A + B = c_{po}(A^* + B^*)$ und $A^* + B^* = 1$ ist, ergibt sich für $A + B = c_{po}$.

In der halblogarithmischen Darstellung fällt auf, daß der zweiphasische Plasmaspiegelverlauf nach i.v.-Applikation überall die Summe aus α und β ist. Jede dieser beiden Kurven wiederum stellt einen typischen Konzentrationsverlauf nach dem Einkompartment-Modell dar (Gl. 5.13. u. 5.14.).

$$c_p^\alpha + c_p^\beta = c_p$$

$$c_p^\alpha = c_{po}^\alpha \cdot e^{-\alpha t}; \quad c_p^\beta = c_{po}^\beta \cdot e^{-\beta t} \qquad (5.13.)$$

$$c_p = c_{po}^\alpha \cdot e^{-\alpha t} + c_{po}^\beta \cdot e^{-\beta t} \qquad (5.14.)$$

Aus der unterschiedlichen Größe von α und β ergeben sich zwei grundsätzlich verschiedene Kurvenbereiche: zum einen die α-Phase, während der die Kurve α entscheidenden Anteil an der Summenkurve $\alpha + \beta$ hat, zum anderen die β-Phase während der der α-Anteil praktisch keine Rolle mehr spielt. In dem Maß nämlich, in dem mit der Zeit t der Anteil von α an der Summenkurve (Kurve der gemessenen Daten) kleiner wird, gleicht sich diese immer mehr dem Verlauf von β an bis schließlich die vorher durch α verursachte Abweichung der Summenkurve innerhalb der Meßgenauigkeit nicht mehr von β zu unterscheiden ist. Von hier an verläuft die Kurve der Meßpunkte praktisch genau auf β. Man befindet sich ab dort in der β-Phase und damit in einem Bereich, der mit Hilfe eines Ein-Kompartmentmodells vollständig beschrieben werden kann.

Die Grundgleichung (5.12.) kann, sobald α, β, A und B bekannt sind, den Plasmaspiegelverlauf des Arzneistoffs mathematisch genau beschreiben und auch für weitere Berechnungen herangezogen werden. Sie sagt indes noch nichts aus über die Parameter des ihr zugrunde liegenden Kompartment-Modells. Dort erscheinen bekanntlich anstelle der das biologische System beschreibenden System-Konstanten A, B, α und β, die physikalischen Mikrokonstanten k_{12}, k_{21}, k_{13} etc.

Wenn ein Modell biologische Vorgänge exakt erfassen soll, dann müssen die Parameter des biologischen Systems in diese physikalischen Modellparameter transferierbar sein. Im Prinzip ist dies in der Pharmakokinetik für jedes denkbare Mehrkompartment-Modell möglich (im Einkompartment-Modell ist die Eliminationskonstante k_e gleich der Neigung β der Geraden in der graphischen Darstellung der Plasmaspiegel).

Diese Kopplung Systemparameter $\longrightarrow$ Modellparameter ist für einige Mehr-Kompartmentmodelle mathematisch durchgeführt worden. Die Umrechnungen sind erwartungsgemäß für jedes Modell andere und nehmen mit der Zahl der Kompartimente an Kompliziertheit stark zu.

Für das oben beschriebene Zwei-Kompartmentmodell gilt

$$k_{21} = \frac{A \cdot \beta + B \cdot \alpha}{c_{po}} \quad \text{oder} \quad = \frac{\alpha \cdot \beta}{k_{13}} \tag{5.15.}$$

$$k_{12} = \frac{A \cdot B(\beta - \alpha)^2}{c_{po} \cdot (A \cdot \beta + B \cdot \alpha)} \quad \text{oder} \quad = \alpha + \beta - k_{21} - k_{13} \tag{5.16.}$$

$$k_{13} = \frac{c_{po}}{A/\alpha + B/\beta} \tag{5.17.}$$

5.2.4. Multi-Kompartmentsysteme

Ein Multi-Kompartmentsystem ist am mehr als zweiphasischen Verlauf des Plasmaspiegels nach intravenöser Gabe eines Arzneistoffs zu erkennen. So deutet z. B. ein dreiphasischer Plasmaspiegelverlauf auf ein Drei-Kompartmentsystem hin (Abb. 3.2.). In der Praxis ist es gelegentlich schwierig, die Neigung der drei oder mehr Phasen exakt festzulegen. Fehler dieser Art wirken sich sowohl auf die Größe der Exponenten α, β und γ, wie auch auf die der Koeffizienten A, B und C aus. Um solche Berechnungsunsicherheiten möglichst von vorneherein auszuschließen, nimmt man dann zur Entscheidung für das eine oder andere Modell am besten einen elektronischen Rechner zu Hilfe. Nach seiner Programmierung mit der Grundgleichung des dreiphasischen Verlaufs

$$c_p = A^* \cdot c_{po} \cdot e^{-\alpha t} + B^* \cdot c_{po} \cdot e^{-\beta t} + C^* \cdot c_{po} \cdot e^{-\gamma t} \tag{5.18.}$$

$$A^* + B^* + C^* = 1$$

gibt man zuerst die nach der Graphik geschätzten Daten für A, B, C, α, β und γ ein und ermittelt rechnerisch für eine Reihe von verschiedenen t die zugehörigen c_p. Den daraus resultierenden *berechneten* Plasmaspiegelverlauf vergleicht man mit den gemessenen Daten. Je nach Lage und Größe der Abweichungen werden nun nacheinander die geschätzten Konstanten so lange verändert, bis die bestmögliche Anpassung der berechneten an die experimentell erstellte Kurve erreicht ist. Erst dieses „Verfahren der iterativen Anpassung" liefert schließlich die exakten Systemkonstanten, wie sie für alle weiteren pharmakokinetischen Betrachtungen zu dem betreffenden Arzneistoff benötigt werden.

Läßt sich im speziellen Fall auf diesem Weg keine optimale Anpassung erreichen, so verläuft die gemessene Plasmaspiegelkurve nicht nach Gl. 5.18., und man muß für sie eine bessere zutreffende mathematische Beschreibung suchen.

Welche Abweichung der gemessenen von der berechneten Kurve dabei gerade noch tolerierbar ist, hängt von den Aufgaben ab, die mit Hilfe des Modells gelöst werden müssen.

Durch die iterative Anpassung kann demgemäß ein dreiphasischer Kurvenverlauf mathematisch genau beschrieben werden. Eine Entscheidung über die Art des diesem Konzentrationsverlauf zugrunde liegenden Kompartmentsystems bringt sie allerdings noch nicht. Während nämlich eine einphasische Plasmaspiegelkurve das Vorliegen eines Ein-Kompartmentsystems, ein zweiphasischer Verlauf das genannte Zwei-Kompartmentsystem anzeigt, kann eine Drei-Phasenkurve theoretisch mit einem der in Abb. 5.9. aufgeführten Modelle I–V übereinstimmen, von

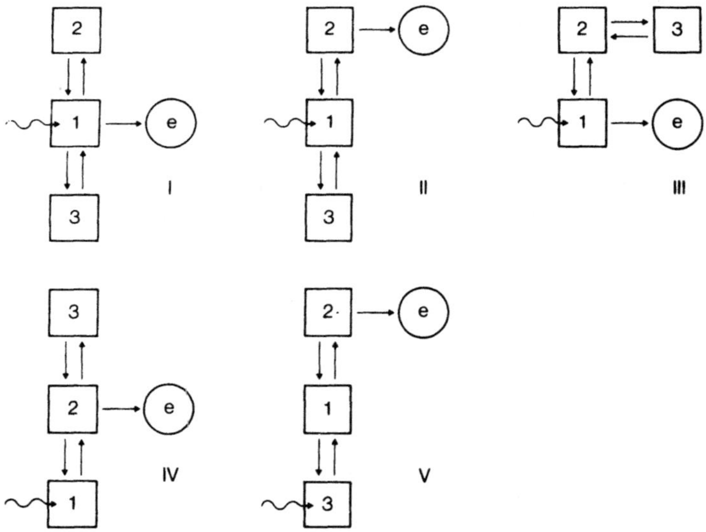

Abb. 5.9.: Theoretisch mögliche Drei-Kompartmentmodelle.
= Applikation
e = offenes End-Kompartment
1 = zentrales Kompartment
2 und 3 = periphere Kompartimente

denen jedoch für die intravenöse Applikation nur Modell I und III von praktischem Interesse sind.

Es ist leicht zu erkennen, daß alle diese theoretisch denkbaren Drei-Kompartmentmodelle unterschiedlichen biologischen Gegebenheiten entsprechen. Welches von ihnen im speziellen Fall zutreffend ist, erfährt man durch eine weitere Rechenoperation. Für jedes Modell besteht nämlich zur Berechnung der Mikrokonstanten eine spezifische Kopplungsgleichung. Die Theorie dazu ist kompliziert und soll hier nicht näher besprochen werden. Die Kopplungsgleichungen für Modell I in Abb. 5.9. seien indes aufgeführt, um einen Eindruck von der Komplexität solcher mathematischer Operationen zu vermitteln (Abb. 5.10.).

$$A = \frac{(k_{21} - \alpha)(k_{31} - \alpha)}{(\beta - \alpha)(\gamma - \alpha)} \qquad k_{1e} = \frac{\alpha \cdot \beta \cdot \gamma}{k_{21} \cdot k_{31}}$$

$$B = \frac{(k_{21} - \beta)(k_{31} - \beta)}{(\alpha - \beta)(\gamma - \beta)} \qquad k_{13} = \frac{(k_{31} - \alpha)(k_{31} - \beta)(k_{31} - \gamma)}{k_{31}(k_{21} - k_{31})}$$

$$C = \frac{(k_{21} - \gamma)(k_{31} - \gamma)}{(\alpha - \gamma)(\beta - \gamma)} \qquad k_{12} = \frac{(k_{21} - \alpha)(k_{21} - \beta)(k_{21} - \gamma)}{k_{21}(k_{31} - k_{21})}$$

oder

$$k_{12} = \alpha + \beta + \gamma - k_{1e} - k_{21} - k_{31} - k_{13}$$

Abb. 5.10.: Kopplungsgleichungen für das Drei-Kompartmentmodell Nr. I in Abb. 5.9. Nach *R. Hammer* et al., Therapiewoche **27,** 1575 (1977) und *G. Heinzel* et al., Arzneimittelf. **27,** 912 (1977).

Auch Multi-Systeme mit mehr als drei Kompartimenten sind über ihre Modelle mathematisch zugänglich. Sie haben jedoch kaum mehr einen Bezug zur pharmakokinetischen Wirklichkeit. Ihre graphische Darstellung ist in Anbetracht der normalerweise begrenzten Meßgenauigkeit in biologischen Systemen und der natürlichen Schwankungsbreiten bestenfalls in Ausnahmefällen befriedigend interpretierbar. Sie werden deshalb nur gelegentlich und dann auch nur zur Bearbeitung ganz spezieller Probleme herangezogen.

5.3. Plasmaspiegelverlauf nach nicht-vaskulärer Applikation

5.3.1. Grundlagen

In der Modell-Apparatur Abb. 5.1. ist bei D eine kleine Erweiterung für eine Farbstoffzufuhr angebracht, die von Behälter K durch die Membran P_1 abgetrennt ist. D stellt den Applikationsort bei nicht-vaskulärer Applikation dar (z. B. Intestinaltrakt bei p.o., Gewebe bei i.m.). Durch die Einspritzvorrichtung I_1 ist die Applikation des Arzneistoffs angezeigt.

Bringt man in den Raum D der Modell-Apparatur eine konzentrierte Farbstofflösung ein, so wird diese in Abhängigkeit von der Geschwindigkeit des Wasserflusses und von der Permeabilität der Membran P_1 langsam in den Behälter K übertreten. Ist zudem die Membran P_2 für den Farbstoff undurchlässig, dann steigt seine Konzentration in K ständig an bis sich praktisch der gesamte Farbstoff dort befindet. Wie bei der Elimination aus K (bei farbstoffdurchlässiger Membran P_2) ist die Invasionsgeschwindigkeit nach K, die auch als Elimination aus D über P_1 betrachtet werden kann, eine Funktion der Farbstoffmenge bzw. -konzentration in D.

Deshalb gilt für die *Invasion nach K* mathematisch grundsätzlich dasselbe wie für die *Elimination aus K,* nur mit umgekehrtem Vorzeichen. Wir erhalten gemäß Gl. (5.6.) für die Menge M(D) in Behälter D

$$M(D)_t = M(D)_0 \cdot e^{-k_1 t} \qquad (5.19.)$$

und folglich für die Menge M(K) in Behälter K

$$M(K)_t = M(D)_0 - M(D)_0 \cdot e^{-k_1 t} = M(D)_0 \cdot (1 - e^{-k_1 t}) \qquad (5.20.)$$

Die Konstante, hier k_1, setzt sich aus der Permeationskonstante der Membran P_1 und der Flußgeschwindigkeit des Wassers zusammen.

Will man in Gl. (5.20.) statt der Menge Farbstoff dessen Konzentration in K wissen, so muß man beide Seiten der Gleichung durch das Volumen V_k des Behälters K dividieren. Man erhält

$$\frac{M(K)_t}{V_K} = \frac{M(D)_0}{V_K} \cdot (1 - e^{-k_1 t}) \qquad (5.21.)$$

wobei

$$\frac{M(K)_t}{V_K} = c(K)_t \qquad (5.22.)$$

die Konzentration des Farbstoffs in Behälter K zur Zeit t ist und

$$\frac{M(D)_0}{V_K} = c(K)_0, \qquad (5.23.)$$

die Konzentration in Behälter K zur Zeit t_0, wenn der Farbstoff direkt dorthin eingebracht worden wäre. Letztere entspricht exakt der Konzentration c_0 in Gl. (5.6.).

Die graphische Darstellung der Gl. (5.20.) ergibt das Spiegelbild der Darstellung von Gl. (5.6.), also eine ansteigende Kurve, die asymtotisch der Gesamtmenge des eingebrachten Farbstoffs zustrebt.*) Das entspräche in der Pharmakokinetik einer vollständigen, d. h. 100%igen Resorption ohne Elimination. Zieht man jedoch die Elimination in die Betrachtung mit ein, so erhält man eine Überlagerung von Invasion und Elimination. Mathematisch bildet man die Summe der beiden Funktionen, was durch Umwandlung der Mengen in Konzentrationen möglich wurde:

$$\begin{aligned} c(K)_t &= c(K)_0 \cdot (1 - e^{-k_1 t}) - c(K)_0 \cdot e^{-k_2 t} \\ &= c(K)_0 [(1 - e^{-k_1 t}) - e^{-k_2 t}] \end{aligned} \qquad (5.24.)$$

und durch Vereinfachung

$$c(K)_t = c(K)_0 \cdot \frac{k_2}{k_2 - k_1} (e^{-k_1 t} - e^{-k_2 t}) \qquad (5.25.)$$

Multipliziert man beide Seiten mit V_k, so erhält man die *Menge* Farbstoff in Behälter K (bzw. Menge Arzneistoff im Körper) zur Zeit t:

$$\begin{aligned} M(K)_t &= M(K)_0 \cdot \frac{k_2}{k_2 - k_1} (e^{-k_1 t} - e^{-k_2 t}) \\ &= M(K)_0 \cdot \frac{k_1}{k_1 - k_2} \cdot (e^{-k_2 t} - e^{-k_1 t}) \end{aligned} \qquad (5.26.)$$

Die Gleichung (5.25.) ist 1910 von dem Physiker *K. Bateman* mathematisch abgeleitet worden, der damit erstmals den radioaktiven Zerfall eines Isotops mit anschließendem weiteren Zerfall des entstandenen ersten Zerfallsprodukts exakt beschreiben

*) Das Volumen von D ist hier als sehr klein im Vergleich zu K angenommen und außer Betracht gelassen.

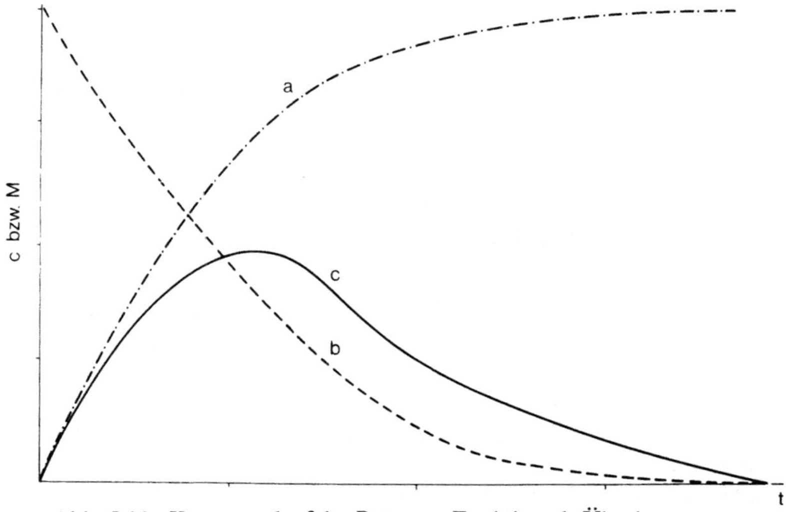

Abb. 5.11.: Kurvenverlauf der Bateman-Funktion als Überlagerung von Invasion und Elimination.
a = Invasion ohne Elimination
b = Elimination ohne Invasion
c = Überlagerung von a und b

konnte. Dort ist die *Bateman*-Funktion ein Maß für die Menge bzw. Radioaktivität des ersten Zerfallprodukts zum Zeitpunkt t.

In der Pharmakokinetik ist die *Bateman*-Funktion der Überlagerung von Invasion und Elimination direkt auf das Ein-Kompartmentsystem anwendbar. Aber auch bei Mehr-Kompartmentsystemen bildet sie die Grundlage für alle (dort etwas komplizierteren) Invasions/Eliminations-Prozesse.

5.3.2. Ein-Kompartmentsystem mit Resorption

Die empirische Bestimmung der Systemkonstanten im Ein-Kompartmentsystem mit Resorption geschieht wie in Kapitel 3 besprochen (dort Abb. 3.3.). Der resultierende Kurvenverlauf ist mathematisch die Summe aus den beiden Geraden:

$$c_\beta = B \cdot e^{-\beta t} \text{ (Elimination)} \qquad (5.27.)$$
$$c_a = A' \cdot e^{-at} \text{ (Invasion)}$$
$$c = B \cdot e^{-\beta t} - A' \cdot e^{-at}$$

Unter optimalen Bedingungen, d. h. wenn alle Transfervorgänge im Organismus nach der 1. Ordnung verlaufen und keine Resorptionsverzögerung durch Zerfalls- und Lösungsprozesse eintritt, muß aus Gl. (5.27.) und aus der *Bateman*-Funktion gemäß Gl. (5.25.) gleichermaßen eine Kurve resultieren, die genau mit den gemessenen Konzentrationen im Plasma übereinstimmt.

Im Ein-Kompartmentsystem sind nämlich die Systemkonstanten a und β mit den Modellkonstanten k_{01} und k_{1e} (d. s. k_1 und k_2 in Gl. 5.25.) identisch.

Ist D die applizierte Dosis, und ist B der aus der Graphik resultierende Koeffizient, dann stehen die Meßwerte c_p der Plasmakonzentrationen in direkter Beziehung zur Arzneistoffmenge M(K) im Körper:

$$c_p = \frac{M(K)}{V_D}; \quad c_{po} = B = \frac{D}{V_0} \tag{5.28.}$$

und folglich

$$\begin{aligned} c_p &= B \cdot \frac{\beta}{\beta - a} \cdot (e^{-at} - e^{-\beta t}) \\ &= B \cdot \frac{a}{a - \beta} (e^{-\beta t} - e^{-at}) \end{aligned} \tag{5.29.}$$

Alle in Gl. (5.27.) und (5.29.) vorkommenden Konstanten und der Koeffizient B können aus der Graphik abgelesen werden.

Wie sich die Größen von a und β auf den Kurvenverlauf des Plasmaspiegels nach nicht-vaskulärer Applikation auswirken, läßt sich aus Abb. 5.12. erkennen.

Bei ein und demselben Arzneistoff ist β von der Nieren- und/oder Leberfunktion abhängig und kann darüber hinaus bei manchen Arzneistoffen durch Veränderung des Blut-pH in Grenzen willkürlich variiert werden. Die Konstante a ist u. a. von Applikationsform und -ort abhängig. Für Depotformen wird ein kleines a angestrebt.

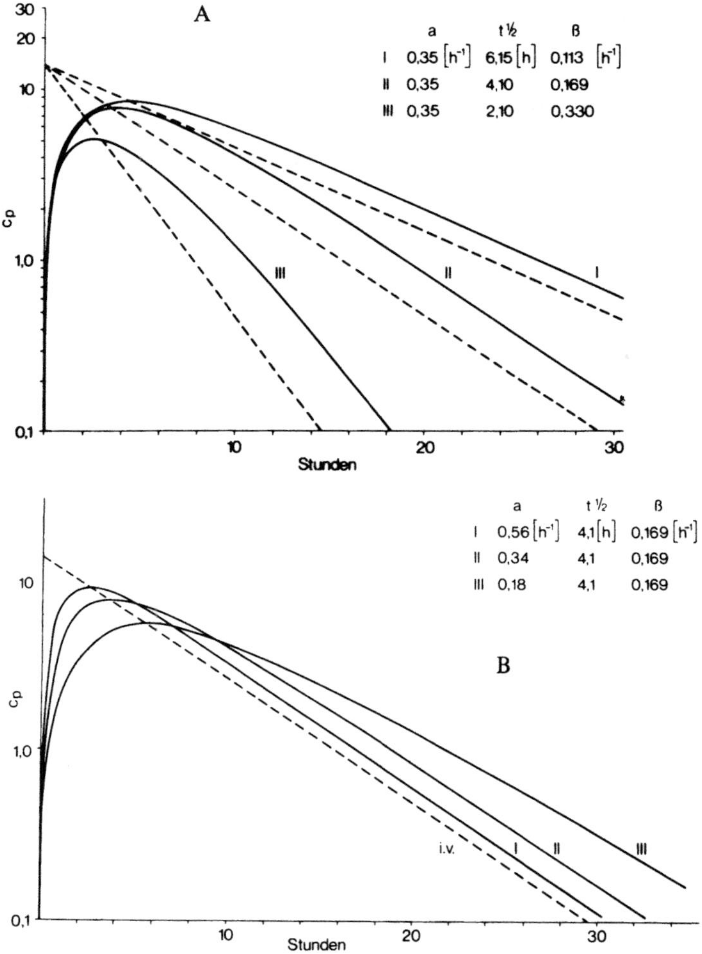

Abb. 5.12.: Plasmaspiegelverlauf nach nicht-vaskulärer Applikation von Arzneistoffen mit verschiedener Eliminationsgeschwindigkeits-Konstante bei gleicher Invasionskonstante (A) bzw. mit gleicher Eliminationskonstante bei verschieden rascher Invasion (B). Zum Vergleich sind die entsprechenden Plasmaspiegel nach vaskulärer (intravenöser) Applikation mit eingezeichnet. Für alle hier gezeigten Plasmaspiegelverläufe wurde 100 % Resorption angenommen. Man beachte den Einfluß von a und β auf Höhe und Lage des Plasmaspiegel-Maximums.

5.3.3. Zwei-Kompartmentsystem mit Resorption

Wie im Ein-Kompartmentsystem ist auch im Zwei-Kompartmentsystem mit Resorption die gemessene Plasmaspiegelkurve die Summe aus den Kurven, die aus reiner Absorption, Verteilung oder Elimination resultieren würden (Gl. 5.30., Abb. 5.13.).

$$c_p = A' \cdot e^{-at} + A \cdot e^{-\alpha t} + B \cdot e^{-\beta t} \qquad (5.30.)^{*)}$$

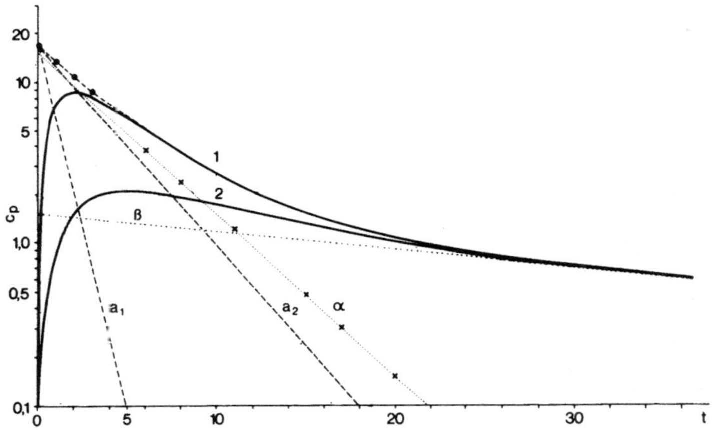

Abb. 5.13.: Graphische Darstellung der Summe von Absorption (Resorption), Verteilung und Elimination in einem Zwei-Kompartmentsystem.

——— gemessener Plasmaspiegel

●- - -● i.v.-Plasmaspiegel bei derselben Dosierung

Zwei Beispiele (1 und 2) mit unterschiedlicher Resorptionsgeschwindigkeit (a_1 bzw. a_2) aber gleichen Eliminationsgeschwindigkeiten (α und β).

Ist in Gl. (5.30.) $\alpha \gg a$, dann wird der Term $A.e^{-\alpha t}$ unbedeutend klein und Gl. (5.30.) geht praktisch in Gl. (5.27.) des Ein-Kompartmentsystems über. Ist indes $\alpha \ll a$, dann wird Gl. (5.30.) praktisch zu Gl. (5.12.), d. h. man kann rechnen, als wäre vaskulär appliziert worden. Hier ist der Resorptionsvorgang wegen seiner vergleichsweise großen Geschwindigkeit rechnerisch zu vernachlässigen.

*) Beachte: A' hat immer negatives Vorzeichen, da die Resorption der Elimination entgegengesetzt ist.

5.3.4. Multi-Kompartmentsysteme mit Resorption

Für das Drei-Kompartmentsystem, das meistens durch das Vorhandensein eines „tiefen Kompartiments" mit relativ langsamer Arzneistoff-Elimination charakterisiert ist, gilt im Prinzip dasselbe wie für das Zwei-Kompartmentsystem. Auch hier bedient man sich am besten der entsprechenden Grundgleichung (5.31.).

$$c_p = A' \cdot e^{-at} + A \cdot e^{-\alpha t} + B \cdot e^{-\beta t} + C \cdot e^{-\gamma t} \qquad (5.31.)^*)$$

Sie ist die um den Resorptionsterm $A'.e^{-at}$ erweiterte Gl. (5.18.) der vaskulären Applikation. Man versucht daher, zuerst durch eine i.v.-Applikation die Konstanten und Koeffizienten nach Gl. (5.18.) zu erhalten. In Gl. (5.31.) eingesetzt erlauben sie, A' und a zu schätzen und darauf mittels Iteration genau herauszufinden.

Inwieweit die einzelnen Glieder in Gl. (5.31.) für diverse Berechnungen von quantitativer Bedeutung sind, muß in der Praxis von Fall zu Fall eigens überprüft werden.

Systeme mit mehr als drei Kompartimenten sind von großem theoretischen Interesse. Sie haben jedoch nur in seltenen Ausnahmefällen praktische Bedeutung und werden deshalb hier nicht näher behandelt. Ihre Grundgleichung unter Einschluß der Resorption lautet:

$$c_p = A' \cdot e^{at} + A \cdot e^{\alpha t} + B \cdot e^{-\beta t} + C \cdot e^{-\gamma t} + \cdots + \Omega \cdot e^{-\omega t} (5.32.)^*)$$

5.4. Kinetik der Ausscheidung

Die Elimination eines Arzneistoffs ist durch seine Eliminationsgeschwindigkeitskonstante (k_2, k_{1e}, k_e) quantitativ definiert. Sie ist derjenige Anteil der Arzneistoffmenge im zentralen Kompartiment, der pro Stunde aus diesem eliminiert wird. So bedeutet z. B. $k_e = 0{,}20\ [h^{-1}]$, daß stets pro Stunde 20% (d. h. pro Minute 0,33%) der gerade im zentralen Kompartiment vorhandenen Menge eliminiert werden.

Da der Organismus mehrere Eliminationsmechanismen hat, die gleichzeitig ablaufen (renale und biliäre Exkretion, Biotransformation etc.), ist k_e die Summe aus den Geschwindigkeitskonstanten der einzelnen Teilvorgänge. Man nennt sie die „globale

*) Erklärung siehe Seite 119.

Eliminationskonstante k_e^{gl}". Durch Unterteilung von k_e^{gl} kann man jeden einzelnen dieser Teilvorgänge quantifizieren. Die Geschwindigkeitskonstanten der Teilprozesse werden entsprechend bezeichnet, z. B. ist k_e^{ren} der Anteil, der durch die Niere eliminiert wird, k_e^{bil} der durch die Galle etc. Für die renale Ausscheidung ergibt sich damit gemäß Gl. (5.2.)

$$\frac{\Delta M^{ren}}{\Delta t} = -k_e^{ren} \cdot M_t$$

bzw. (5.33.)

$$\frac{dM^{ren}}{dt} = -k_e^{ren} \cdot M_t$$

M_t = Menge Arzneistoff im Organismus zur Zeit t
M^{ren} = Menge Arzneistoff renal eliminiert.

Die Geschwindigkeit der renalen Ausscheidung unterscheidet sich von derjenigen der Gesamtelimination lediglich durch k_e^{ren} im Vergleich zu k_e^{gl}. Daraus folgt

$$\frac{\Delta M^{ren}}{\Delta t} : \frac{\Delta M^{gl}}{\Delta t} = \frac{-k_e^{ren} \cdot M_t}{-k_e^{gl} \cdot M_t}$$

(5.34.)

$$\frac{\Delta M^{ren}}{\Delta M^{gl}} = \frac{dM^{ren}}{dM^{gl}} = \frac{k_e^{ren}}{k_e^{gl}}$$

M^{gl} = Menge Arzneistoff global eliminiert
k_e^{gl} = globale Eliminationsgeschwindigkeitskonstante
k_e^{ren} = renale Eliminationsgeschwindigkeitskonstante

Da die mit k bezeichneten Transferkonstanten in der Pharmakokinetik Transfer pro Zeiteinheit bedeuten, ist bei Gl. (5.33.) der renalen Ausscheidung ein direkter Bezug zur renalen *Arzneistoff-Clearance* gegeben. Diese ist definiert als das Plasma-Volumen, das pro Minute in der Niere mittels Ausscheidung von seinem Gehalt an Arzneistoff „vollständig geklärt" wird.

Unter Normalbedingungen passieren pro Minute 120 ml Plasma die Niere. Sie enthalten $Q = c_p \cdot 120$ [Gewichtseinheiten] Arzneistoff. Bezeichnet man die *Menge* Arzneistoff, die zum Zeitpunkt t pro Minute durch die Niere ausgeschieden werden, mit ΔM_e^{ren} und mit AN den pro Minute renal ausgeschiedenen Anteil der in 120 ml Plasma enthaltenen Arzneistoff, dann ist

$$AN = \frac{\Delta M_e^{ren}}{Q} \tag{5.35.}$$

In Clearance ausgedrückt heißt das, daß der ANste Teil von 120 ml Plasma vollständig von Arzneistoff gereinigt wird. Wir erhalten

$$Cl_{Arz}^{ren} = 120 \cdot \frac{\Delta M_e^{ren}}{Q} = 120 \cdot \frac{\Delta M_e^{ren}}{c_p \cdot 120} \left[\frac{gew/min}{gew/ml}\right] \tag{5.36.}$$

$$Cl_{Arz}^{ren} = \frac{\Delta M_e^{ren}}{c_p} \text{ [ml/min]}$$

gew = Gewichtseinheit (mg, µg, ng etc.)

Die Clearance eines Arzneistoffs läßt sich somit auf einfache Weise bestimmen: Man mißt zum Zeitpunkt t die Konzentration ($\frac{gew}{ml}$) im Plasma und gleichzeitig die Menge (gew), die in einer Zeit t $-\Delta t$ bis t $+\Delta t$ (in Minuten) im Harn ausgeschieden wird. Dividiert man diese Zeitspanne durch $2\Delta t$ (je kleiner Δt, desto genauer die Berechnung der Clearance), so erhält man die pro Minute ausgeschiedene Menge ΔM_e^{ren} und kann nun nach Gl. (5.36.) die Arzneistoff-Clearance ausrechnen.

Umgekehrt kann die Kenntnis der renalen Clearance eines Arzneistoffs die Messung von Plasmaspiegeln zur Ermittlung von pharmakokinetischen Parametern erleichtern. Aus der Definition der Clearance (Gl. 5.36.) geht hervor, daß sie von der Höhe der Arzneistoffkonzentration im Plasma unabhängig ist. Der Zusammenhang ist gegeben durch

$$k_e^{ren} = \frac{\Delta M_e^{ren} \cdot 60}{c_p \cdot V_D} \tag{5.37.}$$

Das ist der in 60 min renal ausgeschiedene Anteil der Gesamtmenge Arzneistoff im zentralen Kompartiment (c_p = Konzentration im Plasma, V_D = Verteilungsvolumen).

Mit Hilfe der gemäß Gl. (5.36.) ermittelten Cl_{Arz}^{ren} läßt sich aus Messungen der Arzneistoffkonzentration in Harnfraktionen direkt auf die jeweils zur gleichen Zeit im Plasma vorgelegenen Konzentration schließen:

$$c_p = \frac{\Delta M_e^{ren}}{Cl_{Arz}^{ren}} \left[\frac{gew}{ml}\right] \tag{5.38.}$$

Die Cl_{Arz}^{ren} unterliegt individuellen Schwankungen. Da sie aber bei ein und demselben Individuum über längere Zeiträume konstant ist, genügen Bestimmungen nach Gl. (5.36.), um aus dem Verlauf der Ausscheidungen mit dem Harn über den daraus errechneten Plasmaspiegel die Systemkonstanten zu erhalten (siehe Abschnitt 3.4.).

5.5. Repetitive Applikation

5.5.1. Kumulationsgrenzwerte und Dosierungsintervall

Die zeitliche Veränderung der Arzneistoff-Menge im Körper nach einer raschen intravenösen Injektion wird im Ein-Kompartmentsystem gemäß Gl. (5.6.) beschrieben mit

$$M_t = D \cdot e^{-\beta t} \qquad (5.39.)$$

M_t = Gesamtmenge Arzneistoff im Körper zur Zeit t
D = applizierte Dosis
β = globale Eliminationskonstante

Im Laufe des ersten Dosierungsintervalls τ befindet sich demnach zur Zeit $t = 0$ die maximale Menge Arzneistoff im Körper, nämlich die applizierte Dosis D. Das Minimum wird dann unmittelbar vor einer zweiten Injektion erreicht sein, also am Ende des ersten Dosierungsintervalls τ:

$$M_1^{max} = D\,; \quad M_1^{min} = D \cdot e^{-\beta\tau} \qquad (5.40.a)$$

Unmittelbar nach der 2. Applikation beträgt folglich die Arzneistoffmenge im Körper

$$M_2^{max} = D \cdot e^{-\beta\tau} + D = D \cdot (1 + e^{-\beta\tau}) \qquad (5.40.b)$$

bzw.

$$M_2^{max} = M_1^{min} + D \qquad (5.40.c)$$

Das Minimum der Arzneistoffmenge nach der 2. Applikation ist wiederum erreicht unmittelbar vor der 3. Applikation. Für ihre Berechnung ist M_2^{max} der Ausgangspunkt:

$$\begin{aligned} M_2^{min} = M_2^{max} \cdot e^{-\beta\tau} &= (D + D \cdot e^{-\beta\tau}) \cdot e^{-\beta\tau} \\ &= D \cdot e^{-\beta\tau} + D \cdot e^{-2\beta\tau} \end{aligned} \qquad (5.40.d)$$

Analoges gilt für Maximum und Minimum nach der 3. Applikation usw. bis zur n-ten Applikation:

$$M_3^{max} = M_2^{min} + D = D + D \cdot e^{-\beta\tau} + D \cdot e^{-2\beta\tau} = \\ = D \cdot (1 + e^{-\beta\tau} + e^{-2\beta\tau}) \qquad (5.40.e)$$

$$M_3^{min} = M_3^{max} \cdot e^{-\beta\tau} = D \cdot e^{-\beta\tau} + D \cdot e^{-2\beta\tau} + D \cdot e^{-3\beta\tau} = \\ = D \cdot (e^{-\beta\tau} + e^{-2\beta\tau} + e^{-3\beta\tau}) \qquad (5.40.f)$$

$$M_n^{max} = D + M_{n-1}^{min} = D \cdot (1 + e^{-\beta\tau} + e^{-2\beta\tau} + \ldots + e^{-(n-1)\beta\tau}) \qquad (5.40.g)$$

$$M_n^{min} = M_n^{max} \cdot e^{-\beta\tau} = D \cdot (e^{-\beta\tau} + e^{-2\beta\tau} + \ldots + e^{-n\beta\tau}) \qquad (5.40.h)$$

(5.40.g) und (5.40.h) sind die Grundgleichungen für die mathematische Beschreibung der Pharmakokinetik eines Arzneistoffs bei repetitiver vaskulärer Applikation unter Einhaltung einer konstanten Dosis (D) und eines konstanten Zeitintervalls (τ).

Hiervon lassen sich auf einfache Weise alle zur Berechnung pharmakokinetischer Daten bei repetitiver Applikation wichtigen Gleichungen ableiten.

So kann man z. B. in Gl (5.40.g) und (5.40.h) an die Stelle der Menge Arzneistoff im Körper (M) die Konzentration im Plasma bzw. im zentralen Kompartiment (c_p) setzen. Man muß dann nur die Dosis (D) durch c_{po}, der Extrapolation des Konzentrationsabfalls nach der 1. Applikation auf t = 0, ersetzen und erhält die mathematische Beschreibung für die maximalen und minimalen Plasmakonzentrationen bei repetitiver i.v.-Applikation

$$c_{pn}^{max} = c_{po}(1 + e^{-\beta\tau} + e^{-2\beta\tau} + \ldots + e^{-(n-1)\beta\tau}) \qquad (5.40.i)$$

$$c_{pn}^{min} = c_{po} \cdot (e^{-\beta\tau} + e^{-2\beta\tau} + \ldots + e^{-n\beta\tau}) \qquad (5.40.j)$$

Interessiert der Plasmaspiegelverlauf nach der letzten Applikation, so erweitert man Gl (5.40.i) zu

$$c_p = c_{pn}^{max} \cdot e^{-\beta t} \qquad (5.40.k)$$

wobei t vom Zeitpunkt der letzten Applikation an gerechnet wird.

Aus Gl (5.40.k) lassen sich durch einen kleinen mathematischen Trick die in den Grundgleichungen (5.40.g und 5.40.h) und den Gl (5.40.i) und (5.40.j) noch recht komplizierten Formulierungen auf einfache Ausdrücke reduzieren, wie sie in der praktischen Therapie Anwendung finden können: Faßt man nämlich in der ausgeschriebenen Gl (5.40.k)

$$c_p = c_{po}(1 + e^{-\beta\tau} + e^{-2\beta\tau} + \ldots + e^{-(n-1)\beta\tau}) \cdot e^{-\beta t} \qquad (5.40.l)$$

den Klammerausdruck hilfsweise als Z zusammen und multipliziert ihn mit $e^{-\beta\tau}$, dann ist

$$Z \cdot e^{-\beta\tau} = e^{-\beta\tau} + e^{-2\beta\tau} + e^{-3\beta\tau} + \ldots + e^{-n\beta\tau} \qquad (5.40.m)$$

Subtrahiert man nun beide Seiten der Gleichung (5.40.m) von Z, dann erhält man

$$Z - Z \cdot e^{-\beta\tau} = Z - (e^{-\beta\tau} + e^{-2\beta\tau} + e^{-3\beta\tau} + \ldots + e^{-n\beta\tau}) \qquad (5.40.n)$$

Aus der Definition von Z ergibt sich schließlich

$$\begin{aligned} Z - Z \cdot e^{-\beta\tau} &= (1 + e^{-\beta\tau} + e^{-2\beta\tau} + \ldots + e^{-(n-1)\beta\tau}) - \\ &\quad - (e^{-\beta\tau} + e^{-2\beta\tau} + e^{-3\beta\tau} + \ldots + e^{-n\beta\tau}) \\ &= 1 - e^{-n\beta\tau} \end{aligned} \qquad (5.40.o)$$

bzw.

$$Z \cdot (1 - e^{-\beta\tau}) = 1 - e^{-n\beta\tau} \qquad (5.40.p)$$

und folglich

$$Z = \frac{1 - e^{-n\beta\tau}}{1 - e^{-\beta\tau}} \qquad (5.40.q)$$

Gl. (5.40.q) ist die allgemein gültige mathematische Umformung des Klammerausdrucks von Gl. (5.40.l). Setzt man Gl. (5.40.q) in Gl. (5.40.l) ein, dann lautet diese

$$c_p = c_{po} \cdot \left(\frac{1 - e^{-n\beta\tau}}{1 - e^{-\beta\tau}}\right) \cdot e^{-\beta t} \qquad (5.40.r)$$

und es ist analog zu Gl. (5.40.g) und (5.40.h)

$$c_{pn}^{max} = c_{po} \cdot \frac{1 - e^{-n\beta\tau}}{1 - e^{-\beta\tau}}$$

bzw. (5.40.s)

$$c_{pn}^{min} = c_{po} \cdot \frac{1 - e^{-n\beta\tau}}{1 - e^{-\beta\tau}} \cdot e^{-\beta\tau}$$

Mit Gl. (5.40.s) ist der Plasmaspiegelverlauf bei wiederholter i.v.-Applikation im Ein-Kompartmentsystem exakt beschrieben.

Wird in Gl. (5.40.s) die Zahl der repetitiven Applikationen groß, so streben c_{pn}^{max} und c_{pn}^{min} asymptotisch einem konstanten Wert zu. Dann wird n zu ∞ und, da

$e^{-n\beta\tau} = 1/e^{n\beta\tau}$ ist, wird $e^{-n\beta\tau} \longrightarrow e^{-\infty\beta\tau} = 0$, und Gl. (5.40. s) geht in Gl. (5.40.t) über:

$$c_{p\infty}^{max} = \frac{c_{po}}{1 - e^{-\beta\tau}}; \quad c_{p\infty}^{min} = \frac{c_{po}}{1 - e^{-\beta\tau}} \cdot e^{-\beta\tau} \qquad (5.40.t)$$

Bei n = ∞ ist demnach ein Zustand erreicht, in welchem der Plasmaspiegel konstant zwischen einem definierten Maximum und einem definierten Minimum oszilliert. Die absolute Höhe der Maximal- und Minimalwerte und ihr Abstand voneinander sind nur von den drei Größen c_{po} (und damit von der Dosis), β und τ abhängig. In dieser Phase des Gleichgewichts wird während jedes Dosierungsintervalls gerade soviel Arzneistoff eliminiert, wie am Anfang von τ zugefügt worden ist.

Nach wieviel Applikationen der Gleichgewichtszustand praktisch erreicht wird, hängt von β und τ ab. Je kleiner das Produkt β.τ, desto größer muß n werden, um in den Bereich des Gleichgewichts zu kommen und umgekehrt. Frei wählbare Varianten für die Medikation sind c_{po} und τ, wobei c_{po} eine der Dosis direkt proportionale Größe ist. So läßt sich durch Umformung der Gl. 5.40. t auch für eine vorgegebene Dosis das Dosierungsintervall τ berechnen und umgekehrt.

Im Zwei-Kompartmentsystem mit repetitiver vaskulärer Applikation ist die Berechnung des Plasmaspiegelverlaufs komplizierter, sofern man ihr die Gl. 5.12. zugrunde legt. In praxi spielt aber, da meist α ≫ β ist, bei der wiederholten Gabe die erste Phase (Verteilungsphase α) eine nur untergeordnete Rolle. Das gilt ganz besonders dann, wenn der Unterschied zwischen Dauer der Verteilungsphase und Dosierungsintervall groß ist. Man kann daher in der Regel bei diesen Berechnungen den α-Slope vernachlässigen und weiter so kalkulieren als wäre nur der β-Slope vorhanden, d. h. als handele es sich somit um ein Ein-Kompartmentsystem. Rechnet man dagegen die durch den α-Slope bedingten Konzentrationsspitzen unmittelbar nach jeder Injektion mit ein, dann ist dem c_{pn}^{max} aus Gl. 5.40.s noch jeweils die Differenz A minus B (Abb. 3.2.) hinzuzufügen.

Von praktischem Wert sind solche Berechnungen kaum, weil derartige Plasmaspiegel-Spitzen in der Regel keine toxische Relevanz haben, die Kumulation nicht beeinflussen und auch durch sie die Minimalwerte c_{pn}^{min} nicht verändert werden.

Vollends kompliziert wird die Berechnung der Plasmaspiegelverläufe bei repetitiver Applikation im Drei-Kompartmentsystem, zumal wenn die erneute Applikation jeweils zu einem Zeitpunkt erfolgen soll, an welchem die zweite (β-)-Phase noch nicht voll abgeklungen ist. Ansonsten gilt auch hier der Vorschlag, allein mit der terminalen (γ-)Phase zu rechnen (vgl. Abb. 3.2.), erforderlichenfalls mit nachträglicher Berücksichtigung der Spitzen wie beim Zwei-Kompartmentsystem.

Der Plasmaspiegelverlauf nach einmaliger nicht-vaskulärer Applikation wurde in Gl. (5.29.) mathematisch beschrieben. Dort fällt auf, daß das Verhältnis Invasionskonstante/Eliminationskonstante (a/β) für den Plasmaspiegelverlauf von entscheidender Bedeutung ist. Wird a groß im Verhältnis zu β, dann gleicht sich der Kurvenverlauf dem nach einer i.v.-Applikation derselben Dosis an.

Ist $a \gg \beta$, dann wird

$$\frac{a}{a-\beta} \mathrel{\widehat{=}} 1{,}0 \quad \text{und} \quad e^{-at} \ll e^{-\beta t},$$

was bedeutet, daß man bei repetitiver Applikation den geringen Einfluß der kurzen Absorptions- (Resorptions-)phase vernachlässigen kann. Man erhält aus Gl. 5.29.

$$c_{prep} = B \cdot e^{-\beta t} \tag{5.41}$$

Für den Plasmaspiegelverlauf bei repetitiver nicht-vaskulärer Applikation mit Resorption gilt somit das gleiche wie für den der repetitiven vaskulären Applikation im Zwei-Kompartmentsystem: Die kurze Resorptionsphase, charakterisiert durch großes a, ist rechnerisch nicht anders zu behandeln, wie die kurze Verteilungsphase α nach vaskulärer Gabe. β und B können der halblogarithmischen Darstellung nach Einmal-Applikation entnommen werden, wobei B wieder die Extrapolation der β-Phase auf die Zeit Null und folglich c_{po} entspricht.

Diese Vereinfachung der pharmakokinetischen Rechenoperationen bei repetitiver nicht-vaskulärer Applikation ist in gleicher Weise auch für das Zwei- und Drei-Kompartmentsystem erlaubt, ohne daß dadurch die Genauigkeits-Erfordernisse der praktischen Pharmakokinetik außer Acht gelassen werden. Voraussetzung ist immer, daß die erneute Applikation stets erst nach Abklingen der jeweils vorletzten Eliminationsphase der vorangegangenen Applikation erfolgt.

Man kann also zur Vorausberechnung der Plasmaspiegelverläufe bei repetitiver vaskulärer und nicht-vaskulärer Applikation (hier besonders wichtig: per os) in der Regel mit Gl. (5.40.t) des Ein-Kompartmentsystems operieren, indem man statt β die Geschwindigkeitskonstante der jeweils terminalen Eliminationsphase einsetzt. Die sehr seltenen Ausnahmen, bei denen das nicht erlaubt ist, sollen hier nicht besprochen werden. Ihre Darstellung würde den Rahmen dieses Buches sprengen.

5.5.2. Kumulationsfaktor und Initialdosis

Ist f derjenige Bruchteil von c_{po}, auf den c_p am Ende des ersten Dosierungsintervalls abgefallen ist, so gilt für eine Kinetik 1. Ordnung

$$f = e^{-\beta\tau} \tag{5.42}$$

Durch Einführung von f geht die Plasmakonzentration c_{p1}^{min} (vgl. Gl. 5.40.a) nicht mehr in absoluten Konzentrationen, sondern als Anteil von c_{po} in die Rechnung ein:

$$c_{p1}^{min} = f \cdot c_{po} \quad \text{bzw.} \quad f = \frac{c_{p1}^{min}}{c_{po}} \tag{5.43}$$

Setzt man anstelle von β die Halbwertszeit $t^{1/2}$ (Gl. 5.10.), so erhält man aus Gl. 5.42.

$$f = e^{-\ln 2 \cdot \frac{\tau}{t^{1/2}}} \tag{5.44.a}$$

Hier eröffnet sich die Möglichkeit, auch das Dosierungsintervall nicht als absolute Größe, sondern als Vielfaches von $t^{1/2}$ anzugeben. Man muß hierzu nur den absoluten Zeitwert von τ durch die Halbwertzeit des Medikaments dividieren ($\tau/t^{1/2}$). Bezeichnet man dieses „relative Dosierungsintervall" mit ε, so erhält man

$$f = e^{-\ln 2 \cdot \varepsilon} \tag{5.44.b}$$

Und weil $e^{\ln 2} = 2$ ist, folgt

$$f = 2^{-\varepsilon} \tag{5.44.c}$$

Gl. 5.42. in Gl. 5.40.t eingesetzt, ergibt schließlich

$$c_{p\infty}^{max} = \frac{c_{po}}{1-f} \quad \text{und} \quad c_{p\infty}^{min} = f \cdot \frac{c_{po}}{1-f}$$

$$c_{p\infty}^{max} = c_{po} \cdot \frac{1}{1-2^{-\varepsilon}} \quad \text{und} \quad c_{p\infty}^{min} = c_{po} \cdot \frac{2^{-\varepsilon}}{1-2^{-\varepsilon}} \tag{5.44.d}$$

Man kann Gl. 5.44.d auch auf die Dosis beziehen und erhält dann (V_D = Verteilungsvolumen)

$$c_{p\infty}^{max} = \frac{D}{V_D} \cdot \frac{1}{1-2^{-\varepsilon}} \text{ und } c_{p\infty}^{min} = \frac{D}{V_D} \cdot \frac{2^{-\varepsilon}}{1-2^{-\varepsilon}} \quad (5.45.a)$$

bzw.

$$D = c_{p\infty}^{max} \cdot V_D \cdot (1-2^{-\varepsilon}) \text{ und } c_{p\infty}^{min} = V_D \cdot \frac{1-2^{-\varepsilon}}{2^{-\varepsilon}} \quad (5.45.b)$$

Gl. 5.44.d kann man auch anders schreiben (Gl. 5.46.),

$$\frac{c_{p\infty}^{max}}{c_{po}} = \frac{1}{1-2^{-\varepsilon}} \quad (5.46.)$$

wobei der Ausdruck $c_{p\infty}^{max}/c_{po}$ angibt, auf ein wievielmal höheres Niveau die Konzentrationskurve nach unendlich vielen Dosen im Vergleich zur Kurve nach der ersten Dosis ansteigt. $c_{p\infty}^{max}/c_{po}$ wird als Kumulationsfaktor R bezeichnet. Somit ist

$$R = \frac{1}{1-2^{-\varepsilon}} \quad (5.47.)$$

Der Kumulationsfaktor zeigt, daß die Plasmakonzentration eines Arzneimittels bei repetitiver Applikation nicht ins Ungemessene zunimmt, sondern einen endlichen Grenzwert, dem sog. Kumulationsgrenzwert, zustrebt. Die Angabe „nach unendlich vielen Dosen“ ist aber in der Praxis nicht zu gebrauchen. Man will wissen, wann dieser Grenzwert *etwa* erreicht wird, oder besser, welcher Bruchteil dieses Kumulationsgrenzwertes nach n Dosen erreicht ist. Auch auf diese Frage erhält man rechnerisch in einfacher Weise Antwort: Bezeichnen wir bei konstant gehaltenem τ die Zeit zwischen der Verabreichung der ersten und der n-ten Dosis mit T und messen diese wiederum in Vielfachen der Halbwertzeit, dann ist diese „relative Sättigungszeit“ $T/t^{1/2}$ gleich $n.\varepsilon$.

Der relative Sättigungsgrad nach der n-ten Applikation, allgemein bezeichnet als die „relative Sättigung“ S, ist definitionsgemäß

$$S = \frac{c_{pn}^{max}}{c_{p\infty}^{max}} \quad (5.48.a)$$

Mit Hilfe der Gleichungen 5.40.s und 5.40.t läßt sich S in Halbwertszeiten ausdrücken, weil gemäß Gl. 5.10. und 5.44.b

$$e^{-n\beta\tau} = e^{-n\ln 2\cdot\varepsilon} = (e^{\ln 2})^{-n\varepsilon} = 2^{-n\varepsilon} \quad (5.48.b)$$

und

$$e^{-\beta\tau} = 2^{-\varepsilon} \quad (5.48.c)$$

ist. Durch Einsetzen von Gl. 5.48.b und 5.48.c in 5.40.s und 5.40.t und nachfolgender Division entsprechend Gl. 5.48.a ergibt sich die relative Sättigung zu

$$S = \frac{c_{po} \cdot \dfrac{1 - 2^{-n\varepsilon}}{1 - 2^{-\varepsilon}}}{c_{po} \cdot \dfrac{1}{1 - 2^{-\varepsilon}}} = \frac{(1 - 2^{-n\varepsilon})\,(1 - 2^{-\varepsilon})}{1 - 2^{-\varepsilon}}$$

$$S = 1 - 2^{-n\varepsilon} \tag{5.48.d}$$

Mit Gl. (5.48.d) kann man für jede n-te Applikation leicht errechnen, wie „nahe" ihr maximaler Plasmaspiegel bereits an den Kumulationsgrenzwert herankommt, während Gl. 5.47. die Höhe dieses Grenzwertes selbst anzeigt.

Mit Hilfe von ε kann man auch die Dosis errechnen, die bei festgelegtem Dosisintervall τ gegeben werden muß um im Steady State der Kumulation einen Plasmaspiegel zwischen definiertem $c_{p\infty}^{max}$ und $c_{p\infty}^{min}$ zu bekommen.

Es fällt auf, daß der Term $2^{-\varepsilon}$ bzw. 2^{-n} in all diesen Rechnungen eine zentrale Rolle spielt. Er ist eine logarithmische Funktion der allgemeinen Form 2^{-x}. Analog den bekannten Logarithmentafeln (mit der Basis 10) zeigt Tab. 5.1. eine Zahlentafel, die eine Berechnung von 2^{-x} erspart und damit die Anwendung der Gl. (5.44.d), (5.45.a und b) und (5.48.d) zu einer simplen Rechenoperation werden läßt.

Aus der Gl. (5.48.) zur Berechnung der „relativen Sättigung" wie auch aus Abb. 3.4. wurde deutlich, daß bei einer konstanten Dosis der gewünschte Kumulationsgrenzwert des Plasmaspiegels erst nach mehreren Applikationen erreicht wird. Soll sich dieser Grenzwert möglichst sofort einstellen, so muß als erste Dosis eine „Initialdosis" (D*) appliziert werden, die größer ist als die dann folgenden „Erhaltungsdosen" (D). Man findet die richtige Größe von D* nach folgender Überlegung: Nachdem der Kumulationsgrenzwert erreicht ist, verläuft der Plasmaspiegel auf einem R-mal höheren Niveau, als nach der ersten Dosis (Gl. 5.46. und 5.47.). Deshalb muß die Initialdosis R-mal größer gewählt werden als die Erhaltungsdosis R.

Es gilt also

$$\frac{D^*}{D} = R \quad \text{oder} \quad D^* = R \cdot D \tag{5.49.}$$

Tab. 5.1.: Zahlentafel für die Berechnung des allgemeinen Ausdrucks 2^{-x}. Aus *L. Dettli,* Zitat wie bei Tab. 3.1.

	2^{-x}									
x→ ↓	0	1	2	3	4	5	6	7	8	9
0,0	1,000	0,993	0,986	0,979	0,973	0,966	0,959	0,953	0,946	0,940
0,1	0,933	0,927	0,920	0,914	0,908	0,901	0,895	0,889	0,883	0,877
0,2	0,871	0,865	0,859	0,853	0,847	0,841	0,835	0,829	0,824	0,818
0,3	0,812	0,807	0,801	0,796	0,790	0,785	0,779	0,774	0,768	0,763
0,4	0,758	0,753	0,747	0,742	0,737	0,732	0,727	0,722	0,717	0,712
0,5	0,707	0,702	0,697	0,693	0,688	0,683	0,678	0,674	0,669	0,664
0,6	0,660	0,655	0,651	0,646	0,642	0,637	0,633	0,629	0,624	0,620
0,7	0,616	0,611	0,607	0,603	0,599	0,595	0,590	0,586	0,582	0,578
0,8	0,574	0,570	0,566	0,563	0,559	0,555	0,551	0,547	0,543	0,540
0,9	0,536	0,532	0,529	0,525	0,521	0,518	0,514	0,511	0,507	0,503
1,	0,500	0,467	0,435	0,406	0,379	0,354	0,330	0,308	0,287	0,268
2,	0,250	0,233	0,218	0,203	0,189	0,177	0,165	0,154	0,144	0,134
3,	0,125	0,117	0,109	0,102	0,095	0,088	0,082	0,077	0,072	0,067
4,	0,063	0,058	0,054	0,051	0,047	0,044	0,041	0,038	0,036	0,033
5,	0,031	0,029	0,027	0,025	0,024	0,022	0,021	0,019	0,018	0,017
6,	0,016	0,015	0,014	0,013	0,012	0,011	0,010	0,010	0,009	0,008
7,	0,008	0,007	0,007	0,006	0,006	0,006	0,005	0,005	0,004	0,004
8,	0,004	0,004	0,003	0,003	0,003	0,003	0,003	0,002	0,002	0,002
9,	0,002	0,002	0,002	0,002	0,001	0,001	0,001	0,001	0,001	0,001

Unter diesen Bedingungen ist der Plasmaspiegelverlauf weder kumulativ noch diminutiv, sondern liegt von Anfang an im konstanten Grenzbereich.

In der Therapiepraxis ist es nur selten möglich, bei einer länger dauernden Medikation ein bestimmtes Dosierungsintervall konstant durchzuhalten. Die Regel ist eine Applikation 3 × oder 4 × täglich, worauf nachts meist eine 12stündige Therapiepause folgt. Ein Beispiel ist in Abb. 5.14. graphisch demonstriert.

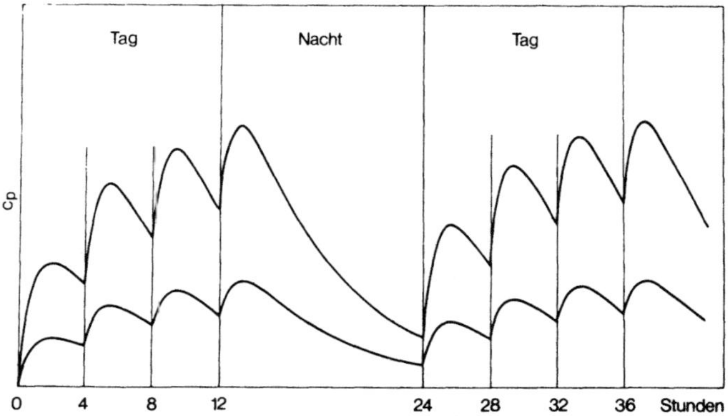

Abb. 5.14.: Typischer Plasmaspiegelverlauf bei einer oralen Dosis 4 x täglich, z. B. um 10, 14, 18 und 22 Uhr oder um 9, 13, 17 und 21 Uhr (τ = 6, 6, 6 und 12 h). Es sind die Plasmaspiegel desselben Arzneistoffs bei zwei verschiedenen Dosen über einen Tag-Nacht-Tag Zeitraum aufgezeichnet. Aus *R. E. Notari*, Biopharmaceutics and Pharmacokinetics, 2. Ed., Marcel Dekker, New York, 1975.

Man erkennt, daß dabei die 4 Applikationen (n = 4) möglicherweise nicht zum Kumulationsgrenzwert führen und andererseits die Elimination während der nächtlichen Pause unvollständig sein kann.

Kennt man die Eliminationskonstante und c_{po} des betreffenden Arzneistoffs, dann ist es nicht schwierig ein Tages-Dosierungsschema zu berechnen. Für die nächtliche Abklingphase (AK) gilt Gl. (5.40.k), wenn man t vom letzten Maximum aus rechnet. Gibt man t in Vielfachen von τ (dem tagsüber gültigen Dosierungsintervall, z. B. 4 Std.) an, dann vereinfacht sich diese Rechnung gemäß Gl. (5.44.) zu

$$c_p^{AK} = c_p^{max} \cdot 2^{-\varepsilon} \qquad (5.50.)$$

wobei ε wieder $\tau/t^{1/2}$ und c_p^{AK} die Plasmakonzentration in der terminalen Abklingphase bedeuten. Aus Gl. (5.50.) wiederum kann man leicht errechnen, wie hoch der Plasmaspiegel jeweils am Ende der nächtlichen Therapiepause ist (c_p^{AK}). Dieser Wert wird dann für den zweiten und alle folgenden Tage von der Initialdosis D* als $c_p^{AK} \cdot V_D$ subtrahiert. Man bekommt auf diese Weise jeweils tagsüber einen konstanten und vorausberechenbaren engen Plasmaspiegel-Bereich, der an allen Tagen dieselbe Höhe hat.

5.5.3. Kontinuierliche Applikation (Infusion)

Wie bei der repetitiven Applikation kann man auch bei der (Dauer-)Infusion von einer Dosis (D) pro Zeiteinheit (τ) sprechen und diese wieder in $t^{1/2}$-Einheiten definieren ($\tau/t^{1/2} = \varepsilon$). Damit ist die Eliminationskonstante in Form von $t^{1/2}$ in der Rechnung einbezogen. Der gedankliche Übergang von der diskontinuierlichen (repetitiven) zur kontinuierlichen Applikation geschieht durch Verkleinerung der Dosis D mit genau entsprechender Verkleinerung von τ. Je kleiner D und τ werden, desto mehr werden sich c_{pn}^{max} und c_{pn}^{min} einander nähern, bis sie schließlich bei unendlich kleinem D und τ zusammenfallen.

Auch bei der kontinuierlichen Applikation kommt es zu einem Konzentrationsanstieg bis zu einem endlichen Grenzwert $c_{p\infty}$. Ist er erreicht, wird pro Zeiteinheit ebensoviel Arzneistoff eliminiert wie durch die Infusion in den Körper gelangt: wir befinden uns in einem echten Steady State und bezeichnen deshalb hier die Plasmakonzentration mit c_p^{ss}.

Es ist einzusehen, daß c_p^{ss} proportional der Dosis pro Zeiteinheit, aber umgekehrt proportional der Eliminationsgeschwindigkeit und dem Verteilungsvolumen sein muß. Mathematisch ausgedrückt lautet das unter Benutzung von Gl. (5.10.).

$$c_p^{ss} = \frac{D/t}{V_D \cdot \beta} = \frac{D/t}{V_D \cdot \ln 2/t^{1/2}} = \frac{D}{V_D \cdot \ln 2} \cdot \frac{t^{1/2}}{t} \qquad (5.51.)$$

bzw.

$$c_p^{ss} = \frac{D}{V_D \cdot \ln 2} \cdot \frac{1}{T} = \frac{1}{0{,}693} \cdot \frac{D}{V_D \cdot T} = 1{,}44 \cdot \frac{D}{V_D \cdot T} \qquad (5.52.)$$

Es bleibt noch die Frage nach dem Verlauf des Anstiegs des Plasmaspiegels vom Beginn der Infusion bis zum Erreichen des Steady State. Für den zeitlichen Verlauf dieser Kumulation gilt

$$c_p^{AS} = c_p^{SS} \cdot (1 - e^{-\beta t}) \tag{5.53.}$$

Wie bei der Umformung von Gl. (5.42.) nach Gl. (5.44.c) kann man auch Gl. (5.53.) vereinfachen:

$$c_p^{AS} = c_p^{SS} \cdot (1 - e^{-\frac{\ln 2}{t^1/_2} \cdot t}) = c_p^{SS}(1 - 2^{-\frac{t}{t^1/_2}}) \tag{5.54.a}$$

Mißt man nicht in absoluten Zeiteinheiten t sondern in relativen ($T = t/t^1/_2$), so erhält man

$$c_p^{AS} = c_p^{SS} \cdot (1 - 2^{-T}) \tag{5.54.b}$$

Hieraus läßt sich erkennen, daß die Dauer der Anstiegsphase c_p^{AS} unabhängig ist von der Dosis pro Zeiteinheit, d. h. der Steady State wird immer zur selben Zeit T′ erreicht[1]), gleichgültig in welcher Höhe er liegt (Abb. 5.15.).

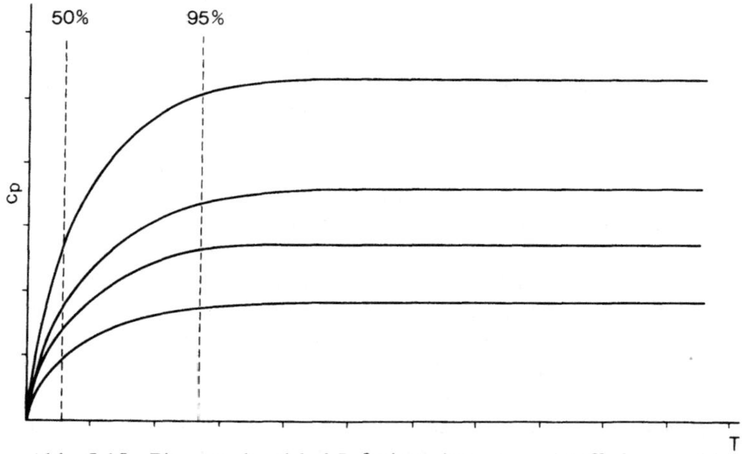

Abb. 5.15.: Plasmaspiegel bei Infusion eines Arzneistoffs in verschiedenen Dosen pro Zeiteinheit. $T = t/t^1/_2$.

Da die Zeit T′ aber von der Halbwertszeit und damit von β abhängt, läßt sich aus Gl. (5.54.b) eine Faustregel ableiten die besagt, daß bei gleichmäßig verlaufender Infusion (D/T = konstant) der Steady State Plasmaspiegel stets nach etwa 4,5 Halb-

---

[1]) Theoretisch ist $T' = \infty$. In der Praxis jedoch liegen die Werte von c_p^{AS} schon nach etwa 5 Halbwertszeiten im Meßfehlerbereich des Steady State.

wertszeiten erreicht ist. Meint man mit diesem „etwa erreicht" zum Beispiel 95% von c_p^{ss} dann ist

$$1 - 2^{-T} = 0{,}95$$

bzw.

$$2^{-T} = 0{,}05$$

Aus Tab. 5.1. kann man ablesen, daß dafür T (dort x) dann 4,3 sein muß, d. h. nach 4,3 Halbwertszeiten sind 95% des Steady State Plasmaspiegels erreicht.

Nach derselben Rechnung würde c_p nach 3,4 Halbwertszeiten auf 90% von c_p^{ss} angestiegen sein.

Gelegentlich interessiert auch der Verlauf der Abklingphase (AK). Er ist auf ebenso einfache Weise zu berechnen. Nach Gl. (5.40.k) ist

$$c_p^{AK} = c_p^{SS} \cdot e^{-\beta t} \qquad (5.55.a)$$

wenn der Verlauf von dem Zeitpunkt der Beendigung der Infusion an (t = 0) gerechnet wird. Man kann dann wie in Gl. (5.54.b) schreiben

$$c_p^{Ak} = c_p^{SS} \cdot 2^{-T} \qquad (5.55.b)$$

Die Frage, wieviel Halbwertszeiten nach Beendigung der Infusion nur noch 10% bzw. 5% von c_p^{ss} im Plasma vorhanden sind, ist hier ebenso einfach zu beantworten, wie in der Anstiegsphase. Aus Tab. 1 ist abzulesen: nach 3,4 bzw. 4,3 Halbwertszeiten.

Rechnet man mehrere Werte von c_p in der Anstiegs- und in der Abklingphase aus, wird man erkennen, daß beide Kurven die gleiche Form haben, nur mit umgekehrten Vorzeichen (Abb. 3.5.).

6. Weiterführende Literatur

6.1. Kurze und leicht verständliche Zusammenfassungen

Klinische Pharmakologie und Pharmakotherapie,
Herausgeber: *H. P. Kuemmerle, E. R. Garrett* und *K. H. Spitzy,*
3. Auflage, Urban und Schwarzenberg 1976
daraus folgende Artikel:
Resorption, Verteilung und Ausscheidung von Arzneimitteln,
W. Oppelt, S. 68–77.
Pharmakokinetik bei repetitiver Arzneimittelapplikation: Kumulationslehre,
L. Dettli, S. 77–83.
Arzneimitteldosierung bei Niereninsuffizienz,
L. Dettli, S. 83–89.

Biotransformation organischer Fremdsubstanzen,
G. Bonse und *M. Metzler,* Georg Thieme-Verlag, 1978, 118 Seiten.

Klinische Pharmakokinetik,
U. Klotz, Gustav Fischer Verlag 1979, 112 Seiten.

Prinzipien der rationalen Arzneidosierung,
H. Kurz, Dtsch. Ärzteblatt 1978, 2335-2341.

Drug Disposition and Pharmacokinetics,
S. H. Curry, Blackwell Scientific Publ., Oxford 1974, 214 Seiten.

Biopharmaceutics and Clinical Pharmacokinetics. An Introduction,
R. E. Notari, Marcel Dekker Inc., New York 1980, 3rd edition 388 Seiten.

Pharmacokinetic Interpretation of Data Gathering during Therapeutic Drug Monitoring,
B. H. Dvorchik and *E. S. Vesell,* Clin. Chemistry **22,** 868–878 (1976).

6.2. Anspruchsvolle Artikel, Monographien und Handbücher

Grundlagen der Pharmakokinetik, 2. Auflage,
F. H. Dost, Georg Thieme-Verlag 1968, 449 Seiten.

Fundamentals of Drug Metabolism and Drug Disposition,
B. N. La Du, H. G. Mandel und *E. L. Way,* Williams und Wilkins Co., Baltimore 1971, 615 Seiten.

Fundamentals of Clinical Pharmacokinetics,
J. G. Wagner, Drug Intelligence Publ., Hamilton 1975, 461 Seiten.

Klinische Pharmakologie und Pharmakotherapie,
Herausgeber: *H. P. Kuemmerle, E. R. Garrett* und *K. H. Spitzy,*
3. Auflage, Urban und Schwarzenberg 1976
daraus folgende Artikel
Theoretische Pharmakokinetik,
E. R. Garrett, S. 27–52
Grundlagen der biopharmazeutischen Prüfung der Bioverfügbarkeit von Pharmaka,
E. R. Garrett, S. 52–68
Pharmako-Biotransformation - ihre Bedeutung für die klinische Pharmakologie,
H. Fenner, S. 145–230.

Drug Metabolism, Chemical and Biological Aspects,
B. Testa und *P. Jenner,* Marcel Dekker, New York u. Basel 1976, 500 Seiten.

Angewandte Biopharmazie,
W. A. Ritschel, Wissenschaftl. Verlagsgesellschaft, Stuttgart 1973, 637 Seiten.

Bioverfügbarkeit von Arzneistoffen.
Schriftenreihe der Med.-pharmazeut. Studiengesellschaft 6, Umschau-Verlag Frankfurt/M. 1974, 126 Seiten.

6.3. Originalarbeiten

Modellentwicklung in der Pharmakokinetik I–V.
G. Bozler, R. Hammer, G. Heinzel, F. W. Koss und *M. Wolf,*
Arzneimittelforsch. **27,** 895–932 (1977).

Pharmakokinetik und Metabolismus von L–S 519 CL 2 (Pirenzepin) beim Menschen,
R. Hammer, G. Bozler, A. Zimmer und *F. W. Koss,*
Therapiewoche **27,** 1575–1593 (1977).

Binding of Nitrogen Containing Compounds to Microsomal Cytochromes,
D. J. Temple, Xenobiotika **1,** 507–520 (1971).

Linear and Nonlinear Kinetics of Drug Elimination.
I. Kinetics on the Basis of a single Capacity-Limited Pathway of Elimination with or without Simultaneous Supply-Limited Elimination,
G. A. M. van Ginneken, J. M. van Rossum und *H. L. J. M. Fleuren,* J. Pharmacokinetics and Biopharmaceutics **2,** 395–415 (1974).

Sachregister

A

E

F

G

L

M

N

O

P

R

S

T

U

V

W

X

Z

GPSR Compliance

The European Union's (EU) General Product Safety Regulation (GPSR) is a set of rules that requires consumer products to be safe and our obligations to ensure this.

If you have any concerns about our products, you can contact us on ProductSafety@springernature.com

In case Publisher is established outside the EU, the EU authorized representative is:

Springer Nature Customer Service Center GmbH
Europaplatz 3
69115 Heidelberg, Germany

Batch number: 10577915

Printed by Printforce, the Netherlands